高等学校人工智能教育丛书

"十三五"江苏省高等学校重点教材

高性能计算

GAO XINGNENG JISUAN

孙俊 吴小俊 方伟 李超 编著

西安电子科技大学出版社

内 容 简 介

本书主要介绍高性能计算的基础理论及相关应用，内容全面，不仅涵盖高性能计算的基础知识点，而且包含相关内容的编程实践。

本书共 9 章，包括绪论、并行计算的体系结构、并行计算模型与并行算法设计、消息传递编程、共享存储编程、基于 CUDA 的 GPU 并行编程、云存储、分布式大数据处理以及云计算平台 Hadoop 及其应用。

本书可作为计算机科学与技术、软件工程、信息与计算科学、人工智能、大数据、通信工程、电子信息工程等电子信息类专业本科高年级学生或研究生教材，也可供广大工程技术人员学习参考。

图书在版编目（CIP）数据

高性能计算 / 孙俊等编著. — 西安：西安电子科技大学出版社，2025.5. — ISBN 978-7-5606-7599-2

Ⅰ. TP38

中国国家版本馆 CIP 数据核字第 2025BY4002 号

策　　划　高　樱
责任编辑　汪　飞
出版发行　西安电子科技大学出版社（西安市太白南路 2 号）
电　　话　(029)88202421　88201467　　　邮　　编　710071
网　　址　www.xduph.com　　　　　　电子邮箱　xdupfxb001@163.com
经　　销　新华书店
印刷单位　陕西博文印务有限责任公司
版　　次　2025 年 5 月第 1 版　　　　2025 年 5 月第 1 次印刷
开　　本　787 毫米×1092 毫米　1/16　　　印　　张　12.5
字　　数　291 千字
定　　价　39.00 元
ISBN 978-7-5606-7599-2
XDUP 7900001-1

＊＊＊如有印装问题可调换＊＊＊

前　言

　　高性能计算（High Performance Computing，HPC）是计算机科学的一个分支，主要研究利用超级计算机和并行处理技术来解决复杂的计算问题。近年来，随着信息化技术的发展，高性能计算在深度和广度上都得到了蓬勃发展，并逐步从单纯的科研计算，向更为广阔的商业计算和信息化服务领域扩展。然而，高性能计算作为一门典型的交叉学科，其内容涉及计算机科学、计算数学以及行业应用等多方面知识，常常让初学者感觉难以理解。因此，作者结合多年的教学经验及研究成果编写了本书，希望通过对本书的学习，读者能够从软硬件两个方面把握高性能计算的基本内容和发展趋势，并具备应用并行编程解决实际问题的能力。

　　本书从理论和应用的角度对高性能计算进行了系统介绍。全书共 9 章。第 1 章简要介绍了高性能计算的概念、基本架构、发展现状、主要应用以及云计算；第 2 章从计算机系统互连技术出发，介绍了并行计算体系中各个部件的连接，并以此为基础梳理了三种比较主流的并行计算系统架构，且对并行计算模式中存取模型与存储结构进行了阐述；第 3 章着重介绍了并行计算模型与算法的相关理论知识，包括并行算法的基础知识、并行计算模型、并行计算性能评测、加速比性能定律、可扩展性评测标准、并行算法设计等内容；在这些理论知识的基础上，第 4 和第 5 章分别详细介绍了两种主流的 CPU 并行编程技术的基本知识和经典案例，即适用于分布式存储并行计算机的消息传递编程（MPI）和适用于共享式并行计算机的共享存储编程（OpenMP）；第 6 章详细介绍了基于 CUDA 的 GPU 并行编程；第 7 章集中介绍了云存储的相关知识，阐述了云存储的基本概念以及分布式存储系统及其管理方式，并对分布式存储系统 HDFS 进行了详细介绍；第 8 章首先介绍了分布式大数据处理的基本概念及分布式编程模型，然后着重讨论了 MapReduce 的执行流程与容错机制，最后给出了三种基于 MapReduce 的并行算法；第 9 章简述了云计算平台 Hadoop 及其应用。

　　本书由孙俊、吴小俊、方伟、李超共同编著，得到了作者所在实验室团队中博士研究生拜力丹、冒钟杰、王偲、吴豪、游琪及博士后陈祺东的帮助，在此对他们表示衷心的感谢。

　　由于作者水平有限，书中难免存在不妥之处，欢迎读者不吝指正。

作　者

2024 年 10 月

目　录

第 1 章
绪　论

"进入 21 世纪以来，计算方法与分子模拟、虚拟实验，已经继实验方法、理论方法之后，成为第三个重要的科学方法，对未来科学与技术的发展，将起着越来越重要的作用。"[1]

——徐光宪 院士

在科学技术高速发展的今天，越来越多的复杂理论模型被提出，其中很多已经被成功应用到实际生产生活中。然而，也有许多理论尚未建立，仅仅停留在猜想或是实验阶段。为了验证猜想的准确性，往往需要进行大量实验，当实验的成本十分昂贵时，计算或许就成了解决问题的唯一手段。

事实上，如今我们在做科学理论研究或者将理论付诸实践的时候，计算是不可避免的。如何有效地提高计算速度，成为一个被热切关注的问题。因此，21 世纪以来，计算速度的提升愈来愈迫切。高性能计算（High Performance Computing，HPC）就是在这样的背景下产生的。它的出现极大地推动了科学技术的发展，催生了许多新兴技术。

近 10 年来，"云计算"是一个经常被提起的名词。云计算（Cloud Computing）是 2007 年诞生的新概念，出现不久就备受关注。云计算实际上是一种商业计算模型，其成本相对较低。如今，许多公司都搭建了自己的云计算平台，很多高科技企业的产业模式也因此而改变。同时，许多私营和小型企业的发展也因云计算的普及而受益，他们可以在大型公司搭建的云平台上申请使用丰富的计算和软件资源，以实现自己的目标。

云计算并不是凭空产生的，事实上，它与高性能计算有着密切的联系。可以说，云计算是在高性能计算的基础上提出的，其本身也属于高性能计算的范畴。因此，本章将高性能计算与云计算一并介绍，以便读者在理解高性能计算的同时对云计算有比较全面的了解。

1.1　高性能计算

1.1.1　高性能计算的出现及其概念

迄今，第一台电子计算机问世已经超过 70 余年了。在这期间，计算机技术经历了五次更新换代，其主要标志是计算机元器件的更新。每一次更新，中央处理器(CPU)的主要元器件都发生了质的飞跃。它们从最初的电子管、晶体管发展成了集成电路，而后随着集成电路规模的不断扩大，进而发展出了大规模集成电路和超大规模集成电路。在超大规模集成电路的基础上，CPU的计算速度仍在不断提升。

事实上，早期CPU计算速度的提升是基本符合摩尔定律的，这一定律是由英特尔(Intel)创始人之一——戈登·摩尔(Gordon Moore)提出的。他通过观察发现，大约每隔两年，电路上可容纳的晶体管的数量将会提高一倍，即CPU的计算速度能够翻一番[2]。然而，技术的发展总会遇到瓶颈，在2013年之前，CPU计算速度的提升基本符合摩尔定律，但是在这之后，技术更新的脚步已然放缓[3]，单个CPU的计算速度无法像之前那样快速增长。

无论是之前CPU计算速度快速增长的时代，还是如今CPU的发展即将遇到瓶颈的时代，总是存在着这种问题：单个CPU的计算速度无法满足实验或者应用需求。在这种问题的推动下，如何将现有的计算资源进行整合，实现远高于当前单个CPU的计算速度，是解决这种问题的关键。

高性能计算是一种将某些具备单独计算能力的设备通过某种方式进行组合，再结合并行计算技术以获得比典型的单台、多台个人计算机或工作站高得多的计算速度的方法。高性能计算可用来解决科学、工程或商业应用中的复杂计算问题[4]。

这里的单独计算能力的设备通常是指多处理器(视作单个机器的一部分)或者高性能计算集群的几台计算机(视作单个计算资源)。其整体通常被视为一台超级计算机(Super Computer)。从高性能计算的概念中可以看出，计算速度快是其最显著的特点，同时，它还往往具有大内存、海量存储、高带宽等特点。

高性能计算将计算机体系架构、算法、程序、电子设备和系统软件等结合在一起，能够解决复杂问题[5]。从软件层面上来说，高性能计算的核心是开发并行处理算法和管理系统。

1.1.2　高性能计算的架构

高性能计算的架构并没有一个统一的标准。向量机、多处理器、CPU集群、网格等都是典型的高性能计算的系统架构。只要是能够将单个的计算资源加以整合，得到快速高效的计算性能的架构，都可以称为高性能计算的架构。

1961年，超级计算机——IBM 7030 Stretch诞生了，图1-1(a)为其实物图。这台计算机由IBM公司为Los Alamos国家实验室制造。该实验室在1955年提出超级计算机计划时要求其计算速度要比当时的计算机快100倍。

IBM 7030 Stretch使用了晶体管处理器、磁芯内存和流水线指令，通过内存控制器预读取数据，同时，它还采用了当时十分先进的随机访问磁盘驱动技术。虽然IBM 7030 Stretch在问世时并没有达到当初设定的"快100倍"的目标，但它仍然要比当时其他计算机的计算速度快得多[6]。图1-1(b)为IBM 7030 Stretch中的一块电路板实物图。

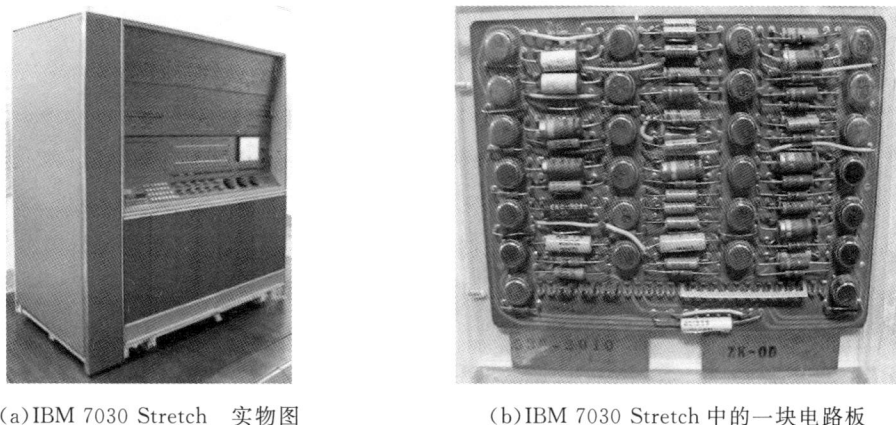

(a)IBM 7030 Stretch 实物图   (b)IBM 7030 Stretch 中的一块电路板

图 1-1 超级计算机 IBM 7030 Stretch

之后几十年，随着对高计算性能日益增长的需求，高性能计算快速发展，不同的高性能计算的架构层出不穷。在 2000 年左右，出现了一种名叫"网格计算"的架构（见图 1-2）。网格计算（Grid Computing）通过将大量异构资源中未使用的部分进行整合，用来解决大规模的计算问题。其中，这里的资源可以是计算机、存储设备、内存、处理器，甚至可以是一些 CPU 的空闲时间。网格计算设计的最初目的是用来解决单个超级计算机难以解决的超大型问题。网格计算不仅能够提供一个多用户的环境供不同的用户使用，还能够通过管理软件合理分配时间和计算资源，使得整个架构被尽可能地合理使用。

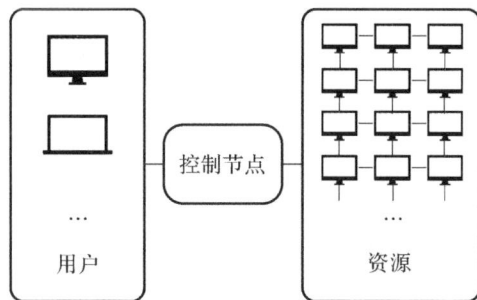

图 1-2 网格计算

网格中不同资源之间的差异很大，如果在使用时，用户需要考虑这些资源之间的差异，那么使用起来就会十分困难。因此，网格计算提供了一种新的管理方式——虚拟组织（Virtual Organization，VO）。不同的 VO 有各自独立的管理方式，而网格计算给它们提供统一的访问环境。这样用户在使用资源时，就不会受到不同资源之间差异的影响。

高性能计算发展到今天，使用最为广泛的架构应当是集群架构。这种架构的整体示意图如图 1-3 所示。

集群架构通常包括一个管理节点（主节点）以及多个其他节点，如计算节点和存储节点。计算节点、存储节点和管理节点之间通过高速网络和交换机连接，计算节点和存储节点受管理节点中的管理软件管控。用户通过外部网络访问管理节点来控制整个集群环境。管理节点采用合理的调度模式，使得整个集群的计算和存储资源充分被利用，从而实现高速计算的目的。

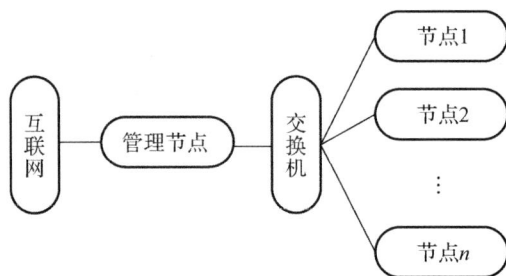

图 1-3 较为常见的集群架构示意图

尽管 HPC 的发展速度并不慢，但是以 CPU 为主的架构有时仍无法满足用户的需要，其主要原因是 CPU 的造价相对昂贵，使得通过堆砌 CPU 来提升计算性能的做法需要大量资金支持。随着技术的进步和制作工艺的提升，显卡的性能得到了迅速提升。早期，显卡只是用于图像显示，其核心处理部件是图形处理单元(Graphic Processing Unit，GPU)。为了更好地优化图像显示，单个显卡上的 GPU 数量飞速提升。现在，一张显卡上往往拥有成百上千个 GPU。如果将 GPU 用于计算，显然其整体计算性能可以远超过传统 CPU。著名的显卡公司 NVIDIA 很快意识到了这一点，推出了 CUDA 这一计算架构，成功将 GPU 用于高性能计算。如今，CPU+GPU 这种架构已经得到越来越广泛的应用。本书第 6 章将对 GPU 和 CUDA 技术进行详细介绍。

由此可见，HPC 的架构并没有一个统一的标准，上述这些架构被称为高性能计算的架构的真正原因正是其具有"高性能"的特点。这些架构通过整合现有的计算资源，获得了远超于当前单个计算机的计算能力。尽管这些架构不尽相同，但绝大部分的架构都包含处理器(计算设备)、缓存(快速访问设备)、硬盘(存储设备)、网络或总线(高速连接设备)，且这些设备的数量可观。本书第 2 章会对包括集群架构在内的几种主流的 HPC 的架构进行详细介绍。

1.1.3 高性能计算的发展现状与趋势

目前，从全球范围来看，HPC 格局趋于稳定，在短期内不会有巨大变化。美国在 HPC 领域依然领先于全世界。2015 年 7 月，美国正式启动了"国家战略性计划"，目的在于全面推动高性能计算为科学研究与经济发展服务。该计划主要内容包括加快落实用于实际的百亿亿次 HPC 系统，加强建模、仿真技术与数据分析计算技术的融合，确保 HPC 技术能够被学术、产业乃至政府充分使用。与此同时，美国还有许多科研机构致力于部署和研发 HPC 系统，其资金投入达到了千万美元。可以预见，在不久的将来，美国仍然会是 HPC 领域的"领头羊"。

在欧洲，欧盟也投入了大量的资金研发 HPC。2013 年，欧盟提出"地平线 2020"计划，对 HPC 投资 7 亿欧元，从千万亿次 HPC 向百亿亿次计算过渡，创建下一代极限性能计算。在亚洲，日本也在 2013 年 12 月推出了百亿亿次 HPC 的研发项目，以确保日本在 HPC 领域中的领先优势。超级计算机"后京"在 2019 年已投入使用，它的计算速度是日本当时 HPC 最快速度的 100 倍[7]。

在我国，近几年来 HPC 的发展取得了举世瞩目的成就。2016 年至今，我国的超级计算机天河 2 号、神威·太湖之光等多次夺得国际超级计算机排行 TOP500 的冠军，两次获得 ACM 戈登·贝尔奖[8]，并且在该榜单上我国超级计算机所占的比例持续上升。我国也同样做好了百亿亿次超级计算机研发的战略部署。可以说，如今我国研发的 HPC 系统已经达到世界先进水平[9]，已经成为中国的"名片"。

未来，各国对 HPC 系统除了在极限计算能力上寻求突破，还会在以下几个方面进行深入的研究：

（1）低能耗。虽然高性能计算的计算速度日益提升，但越来越庞大的设备带来的能耗问题也是亟须解决的。

（2）算法与软件架构的研发。由于 GPU 在计算能力上具有优势，越来越多的 HPC 架构开始整合 GPU，但是如何开发合适的算法充分发挥 GPU 的性能成了一个新的难题。

（3）硬件。更快的网络和更多核心的 CPU 也是未来的发展趋势。

对于我国来说，虽然目前在 HPC 的开发上取得了很大的进展，开发出了一批性能卓越的超级计算机，但是一些核心技术仍未实现突破[7]。同时，如何将它们合理运营，使得这些超级计算机能够在短暂的服役期间（通常为 5～7 年）得到充分利用，是目前我国 HPC 领域需要解决的问题。

1.1.4 高性能计算的主要应用

目前，高性能计算的主要应用集中在数学、物理、生物、航空、航天等领域。下面介绍几个我国使用高性能计算达成的突破性应用成果[7]：

（1）千万核可扩展大气动力学全隐式模拟。这是一项夺得 2016 年戈登·贝尔奖的成果。该成果主要用于全球精确性的气象预报，比传统方式约快 10 倍；

（2）非线性大地震模拟。这项成果获得了 2017 年戈登·贝尔奖，实现了高达 18.9 PFLOPS（1 PFLOPS＝10^{15} 浮点指令/秒）的地震模拟，对地震的预测、救灾演习模拟有着重要的意义。

（3）钛合金微结构演化相场模拟。由于通过实验很难观察钛合金的微观组织形成机制，因此常通过软件进行模拟。该项成果可以广泛用于新材料的研发与设计。

（4）高分辨率海浪数值模拟。该成果成功模拟了（1/60）°高分辨率的全球海洋模式，对于海洋模式模拟来说，分辨率的提高会使得计算量大幅提升，因此，这项成果有着十分重要的意义。

事实上，这些高性能计算的应用往往都是由专业人员针对特定的架构专门开发的，因而对于高性能计算而言，从底层的架构到顶层的实际应用，都是一脉相承、缺一不可的。

1.2 云计算

1.2.1 云计算的概念与特点

早在 1996 年，云计算一词就出现在 Compaq 公司的内部文件中了[10]。但是，直到

2006 年，亚马逊(Amazon.com)公司发布产品——弹性计算云时，云计算一词才逐渐引起人们关注。此后数年间，谷歌(Google)、IBM、惠普、Intel 等著名公司都参与到推广云计算的项目中。云计算由于本身具有出色的易用性和可扩展性，因此在全球范围内被迅速推广，并迅速普及且被应用到各个实际项目中。

云计算的定义并没有一个统一的标准。这里给出了一种比较普及的定义，供读者参考。

所谓"云计算"，通常是指可配置的计算机系统及更高层级的共享资源池。其中，共享资源池是云计算的核心，它是通过服务的形式提供给用户的。所谓服务，指的是通过面向服务的架构(Service Oriented Architecture，SOA)，将用户所需的资源封装成服务的形式提供给用户，并对用户屏蔽其他不需要的异构资源的信息。云计算中能够封装成服务的资源有很多，可以是计算机底层的硬件资源，也可以是某个软件开发平台，还可以是某个软件。用户通过服务的形式来直观地使用这些资源，而不需要去关注其他的部分是如何运作的。

云计算通常有以下特点：

(1) 虚拟化。将资源封装成服务的形式提供给用户，用户在使用时无须了解资源运行的具体方式。

(2) 大规模。一些大型的云计算平台，如谷歌、亚马逊等，通常有数十万到上百万的服务器，可以满足大量用户的不同需要。

(3) 高可靠性。云计算通常会采用计算节点同构可交换、数据多副本容错等技术来保障服务的可靠性。

(4) 可扩展性。由于云计算可以整合异构资源并具有虚拟化的特性，因此它具有很强的可扩展性。

(5) 高性价比。设备成本低是云计算的一大特点，虚拟化的特性也使资源可以被充分使用，极大地提升了性价比。

云计算与前文提到过的网格计算有类似之处。网格计算使用的是异构资源，用户感觉不到自己所使用的资源存在不同，这是因为网格计算使用了虚拟组织技术。虚拟组织其实也是一种资源池，这些资源池可以根据需要动态地进行调整，以满足用户不同的需求。这与云计算将资源封装成服务的形式是一致的。

但是，云计算和网格计算又有着本质的区别。通常，网格计算关注的是计算量非常大的操作，它要求程序被分成多个部分分别执行，从而可以将不同程序的片段传递到不同的虚拟组织之中；而云计算则要考虑多用户多任务的情况，将设备和资源根据需求分配给不同的用户使用。简单来说，网格计算聚集分散的资源来满足大型集中式的应用，而云计算则是以相对集中的资源来执行相对分散的应用。

因此，从以上分析可以看出，网格计算属于高性能计算的范畴，而云计算则要具体看其使用方式，才可判断其是否属于高性能计算范畴。

1.2.2　云计算的服务模式

尽管面向服务的架构提倡"一切皆可为服务(Everything as a Service)"[11]，但考虑云计算平台必须有一定的标准将运营模式规范化，美国国家标准与技术研究院（National Institute of Standards and Technology，NIST）在云计算的定义中明确了三种服务模式[12]，这也被大多数云计算平台运营商采纳。这三种服务模式分别为基础设施即服务（Infrastructure as a Service，IaaS）、平台即服务（Platform as a Service，PaaS）、软件即服务（Software as a Service，SaaS），如图 1-4 所示。下面分别简单介绍这三种服务模式。

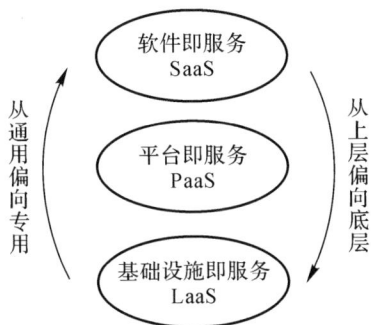

图 1-4　云计算的服务模式

1. 基础设施即服务（IaaS）

IaaS 是指在线提供上层的 API 服务来隐藏底层网络基础架构的各种细节，例如物理计算资源、地址、数据分区、扩展架构、安全措施、备份等。

IaaS 通常将物理计算机或者虚拟机封装成服务的形式供用户使用。用户相当于直接对裸机或者计算机中的硬盘进行操作，可以直接使用其中的计算和存储资源，也可以在其中安装操作系统或者软件。IaaS 通常根据实际租用的节点数量来计费。

2. 平台即服务（PaaS）

NIST 对于 PaaS 的定义如下：PaaS 提供给用户的权限包括平台所支持的编程语言、编程库、相关服务和开发工具，用户不能管理或控制云计算架构底层的基础设备，如网络、服务器、操作系统或是存储设备，但可以对系统允许用户控制的应用程序进行部署或控制，也能够对该应用程序相关的环境变量进行控制。

根据上述定义，用户在使用 PaaS 时，不必过多考虑节点与节点之间的配合问题，资源的容错和动态管理都由 PaaS 的底层负责。当然，用户也必须在使用时遵循 PaaS 所提供的编程规则，在特定的环境中编程。例如，Google 的 App Engine 就只允许使用 Python、Java、Go 和 PHP 语言。

3. 软件即服务（SaaS）

SaaS 的定义为：用户能够通过客户端（Web 浏览器等）接口或客户端设备的程序接口访问并使用供应商在云计算架构上运行的应用程序，用户无法对云计算架构的底层设施或服务进行管理或控制，除非是用户使用的应用程序的相关配置。

相对于 IaaS 与 PaaS，SaaS 专用性更强，它只将某些特定的应用程序或是应用程序的某些功能封装成服务的形式提供给用户。用户一般从 Web 网页访问应用，这就将用户对计算程序的本地访问转化成在线软件服务访问。显然，这种访问方式下用户无法对应用程序的运行环境进行控制。

对于目前主流的云计算供应商来说，三种服务模式都有其特定的应用价值。因此，目前大型的云计算供应商往往将三种服务模式融合在同一架构中，根据具体需求提供给用户不同级别的服务模式。主流供应商的云计算的架构差别不大，一套较为完整的、主流的大型云计算的架构如图1-5所示。这样一个完整的云计算架构可以提供从 SaaS 到 IaaS 各层级的服务。根据不同用户的申请需要，供应商提供给用户不同的权限，用户因此可以访问不同层级的内容，当然访问不同层级的内容所需的资费也是不同的。所有的设施由供应商统一管理、调度。这就能够根据用户具体需求来分配资源，达到资源最大化利用的目的。

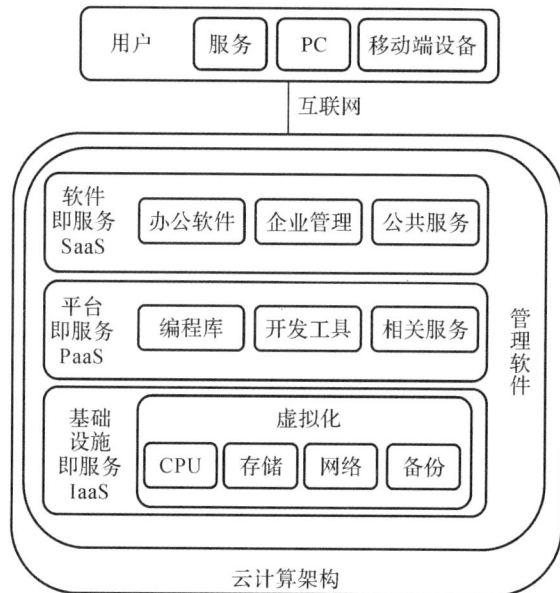

图 1-5 主流的大型云计算架构

1.2.3 云计算的发展与应用

云计算虽然是一项新兴技术，但由于其架构具有优越性，且成本相对低廉，因此迅速在全球范围内被推广。许多大型公司和高校也在致力于研究和发展这项技术。近几年，云计算出现了许多不同的新概念和新形式，比如私有云、公有云、混合云等。

(1) 私有云是指专门为某个单位或组织运营的云计算，管理方式可以是自己内部管理也可以是第三方托管。

(2) 公有云与私有云相对应。事实上，从架构上来说，私有云和公有云的架构模式很相似，只是服务的对象不同，而正是因为这种不同，公有云在提供服务的形式和安全性上与私有云可能有较大差别。

(3) 混合云是指两个或多个云的组合，每个云可以是私有云，也可以是公有云。它允许通过聚合、集成或定制与其他云服务一起来扩展云服务的容量或功能[13]。

目前，云计算已经深入我们生产、生活的方方面面。从大型企业到私人家庭，云计算无处不在。例如，将云计算引入大型企业的数据中心，将传统的数据访问架构转化为私有云，员工在使用时，管理员就可以根据需求制订服务来让员工访问，极大地方便了企业管理；又比如许多人在办公时，都会通过云将数据与其他常用位置的计算机随时同步，这样既方便了多地办公人员办公，又提高了数据的安全性。

未来，云计算可能会向公共计算网发展，这可能会是一种新的协同计算形式。虚拟机的互操作、资源的统一调度都要求更加开放的标准。同时，云计算在大数据处理方面的优势，也会使它与一些传统的计算模式融合，产生一些新的应用模式。

1.2.4 云计算与高性能计算

从现在云计算的运营模式来看，云计算和高性能计算仍然有着比较大的区别，主要体现在以下几个方面：

（1）技术。HPC 主要针对大型应用，不需要采用虚拟化；而云计算中的虚拟组织技术是云计算的核心。

（2）结构。从底层来看，HPC 的结构高度组织化，是紧耦合型的；而云计算的结构非常松散，这使得云计算可以分别执行用户的不同任务而互相不干扰。

（3）性能。面对大规模的计算需求，显然 HPC 提供的是高性能的服务；相对而言，云计算往往不需要很高的性能，它更注重服务的可扩展性和可靠性。

（4）服务领域。HPC 主要面向计算密集型应用，如量子力学、生物模拟、气候预测等；云计算主要面向的是数据密集型、I/O 密集型应用。

但是，云计算在架构上与高性能计算也有一定的相似性，云计算的架构具备处理大型计算密集型任务的能力，因此，一些"HPC 云"出现了。HPC 云是指使用云计算的服务和基础架构来执行高性能计算的应用程序[14]。这些应用程序需要消耗大量的计算资源和存储资源，一般都在传统的 HPC 集群上执行。在"HPC 云"中，所有的 HPC 资源都可在云计算的架构内，或者与用户端共享 HPC 资源的不同部分。一般来说，采用云计算运行的HPC 应用程序主要是那些独立任务组成的、进程间几乎没有通信要求的程序。随着一些云计算架构供应商开始提供 InfiniBand 等高速网络技术，未来一些密集耦合型的 HPC 应用程序也可能在云计算架构上执行。

参 考 文 献

[1] 石钟慈. 第三种科学方法：计算机时代的科学计算[M]. 清华大学出版社，2000.

[2] XU M，HE M，ZHANG H，et al. High-performance coherent optical modulators based on thin-film lithium niobate platform[J]. Nature Communications，2020，11(1)：3911.

[3] SCHALLER R R. Moore's law：past，present and future[J]. IEEE Spectrum，1997，34(6)：52 - 59.

[4] STERLING T，BRODOWICZ M，ANDERSON M. High performance computing：modern systems and practices[M]. Morgan Kaufmann，2017.

[5] YANG L T，GUO M. High-performance computing：paradigm and infrastructure[M]. John Wiley & Sons，2005.

［6］ SWEDIN E G, FERRO D L. Computers: the life story of a technology［M］. Greenwood Publishing Group, 2005.

［7］ 郑晓欢，陈明奇，唐川，等. 全球高性能计算发展态势分析［J］. 世界科技研究与发展，2018，40(3)：249.

［8］ 李国杰. 让高性能计算机开花"结果"［J］. 中国计算机学会通讯，2017，13(10)：7.

［9］ 张云泉. 2017 年中国高性能计算机发展现状分析与展望［J］. 科研信息化技术与应用，2018，9(1)：5－12.

［10］ SRINIVASAN S, SRINIVASAN S. Cloud computing evolution ［J］. Cloud Computing Basics, 2014：1－16.

［11］ DUAN Y, FU G, ZHOU N, et al. Everything as a service (XaaS) on the cloud: origins, current and future trends［C］. 2015 IEEE 8th International Conference on Cloud Computing (CLOUD), IEEE, 2015：621－628.

［12］ HOGAN M, LIU F, SOKOL A, et al. NIST cloud computing standards roadmap ［J］. NIST Special Publication, 2011, 35：6－11.

［13］ MELL P, GRANCE T. The NIST definition of cloud computing［R］. National Institute of Standards and Technology, 2011.

［14］ NETTO M A S, CALHEIROS R N, RODRIGUES E R, et al. HPC cloud for scientific and business applications: taxonomy, vision, and research challenges［J］. ACM Computing Surveys (CSUR), 2018, 51(1)：1－29.

第 2 章
并行计算的体系结构

并行计算(Parallel Computing)是相对于传统的串行计算来说的,是一种允许许多计算指令或运行过程同时进行的计算类型。在一些复杂的计算问题中,复杂的问题往往可以分解成多个小问题,这些小问题可以同时被解决,并且它们的解决结果能够组合起来,用于解决复杂的问题。得益于这种想法,并行计算应运而生。

为了解决某个问题,当软件采用了某个算法时,往往需要通过下达一连串的指令来完成算法的运行。在传统的串行计算中,这些指令都被一次传送到处理器上,处理器按顺序依次执行指令。在并行计算中,多个指令同时被执行,当然这些指令之间往往是互不影响的。

并行计算的目的是提高计算速度,或是通过并行的方式来扩大待解决问题的规模,从而解决大型的复杂的计算问题。并行计算有多种不同的形式:位级并行、指令级并行、数据并行和任务并行,以及时间上的并行和空间上的并行[1]。时间上的并行即流水线技术,空间上的并行主要指多处理器技术。

由于高性能计算的架构本身具有并行性,因此并行计算一直被应用于高性能计算中。近年来,随着计算机的功耗问题越来越显著[2],并行计算已经成为计算机体系结构中的一种主要计算类型。

并行计算的体系结构有很多种,但在介绍它们之前,这里先介绍并行计算的体系结构中不同的部件,如 CPU、缓存、I/O、网络接口等是由什么样的网络互相连接起来的。因此,计算机系统互连技术是本章的第一个要点。

2.1 计算机系统互连技术

2.1.1 系统互连模式

一个完整的计算机并行系统包含各种内部部件,如处理器、I/O 接口、存储设备、内存等,这些内部部件需要相互连接。计算机并行系统也需要与外部环境连接。无论是内部部件的相互连接,还是与外部环境的连接,都是通过网络达成的。当然,由于内部部件的连接要求与外部环境的连接要求不一致,因此内部网络与外部网络有着明显的区别。这种连接要求的不一致主要体现在对速度的要求和对数据传输量的要求上。一个比较常见的计算机并行系统网络结构如图 2-1 所示。图中，每个节点内部的主要部件包括 CPU、RAM、I/O 接口等设备，它们之间的连接方式有很多种。节点内部部件之间的连接方式(主要是处理器之间的连接方式)决定了并行系统各个计算节点执行任务的方式和效率。

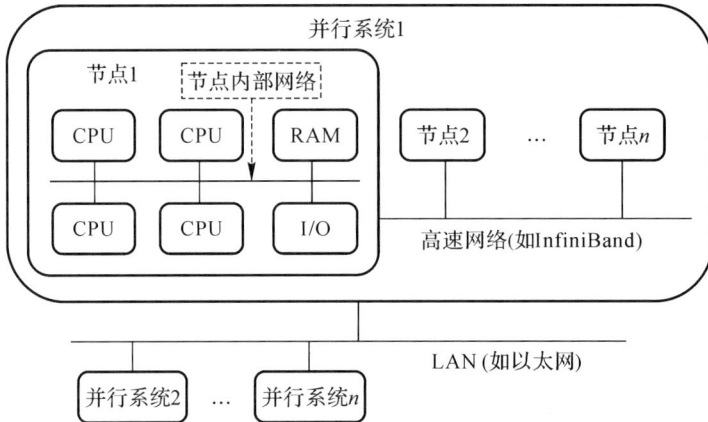

图 2-1 计算机并行系统网络结构

对于每个并行系统，不同节点之间通常通过高速网络进行连接。目前主流的技术有 InfiniBand、Myrinet 等。其中，InfiniBand 是目前超级计算机中节点之间常用的互连网络，它具有极高的吞吐量和极低的时间延迟，因此可以满足节点与节点之间大量数据高速交互的需要。根据 InfiniBand 官网的数据，其最新技术 EDR(Enhanced Date Rate)可以达到 400 Gb/s的信令速率[3]。这种技术保证了即使节点之间需要在很短的时间内交换大量的数据，高速网络也能够满足这种需求，从而避免了很大的通信时间损耗。

并行系统与外部环境连接，如与其他计算机并行系统连接，一般通过局域网(Local Area Network，LAN)实现。LAN 可用来连接学校、公司大楼或是住宅区域等有限范围内计算机。一般服务于并行计算机系统的 LAN 通常采用以太网连接。以太网有很多不同的连接标准，并且新的标准一直在制定之中。比较常用的以太网速率一般在 10 Mb/s～10 Gb/s不等。

下面重点介绍计算机并行系统每个节点内部部件之间的互连网络技术(主要分为静态互连技术和动态互连技术两大类)。

2.1.2　静态互连技术

所谓静态互连技术，是指节点内部部件之间的网络连接方式是固定不变的，在程序运行时，部件之间的连接方式不会随程序运行阶段的变化而改变。

采用静态互连技术的网络称为静态网络，其拓扑结构是固定的，因此其网络性质也是固定不变的。下面列出几个常用的用来描述静态网络性质的概念：

(1) 节点(Node)。网络所连接的每个设备在网络拓扑图中被视为一个节点。

(2) 边(Side)。节点和节点之间连接的网络在网络拓扑图中称为边。

(3) 节点度(Node Degree)。节点度是指进出一个节点的边的总和。通常比较小的节点度是较为理想的。

(4) 网络直径(Network Diameter)。网络直径是指网络中每个节点到拓扑图中其他节点的最大边数。显然相对小的网络直径较好。

(5) 对剖宽度(Bisection Width)。对剖宽度是指将网络一分为二所需移去的边的最小个数。对剖宽度表现的是网络的带宽，通常该值越大网络带宽就越大。

(6) 对称网络(Symmetric Network)。对称网络是指任意一个节点的位置相对于其他节点来说都是等效的网络。对称性与网络的可扩展性和选路效率有关。

下面依次介绍几种典型的静态网络拓扑结构。

1. 一维线性连接

一维线性连接是一种最简单的静态网络拓扑结构，网络中的每个节点都只与相邻的左、右两个节点相连，因此一维线性连接又称为二邻近连接。一维线性连接是并行系统中最为简单、最基本的拓扑结构。假设有 N 个节点，显然，这种拓扑结构的节点度为 2，网络直径为 $N-1$，对剖宽度为 1。假如这种拓扑结构首尾相连，则构成了环连接。环连接的节点度也为 2，网络直径为 $N/2$，对剖宽度为 2。环连接可以是单向传输也可以是双向传输。线性连接是非对称的。环连接则是对称的。

2. 网孔连接

在平面网孔连接中，每个节点都与上下左右 4 个节点相连，如图 2-2(a)所示。假设这种拓扑结构是一个由 N 个节点构成的正方形的网络，则其每一边都有 $\sqrt{N}$ 个节点，因此，其网络直径为 $2(\sqrt{N}-1)$，对剖宽度为 $\sqrt{N}$，节点度除了边缘的节点都为 4。这种结构是非对称的。显然，平面网孔连接的通信速度是比较慢的。

为了解决平面网孔连接通信速度慢的问题，有两种平面网孔的变种连接被提出，分别是 Illiac 网孔连接和 2-D 环绕网孔连接。Illiac 网孔连接如图 2-2(b)所示，这种网孔连接在平面网孔连接的基础上在垂直方向呈环状，水平方向的末端都与下一层水平节点相连接。Illiac 网孔连接的网络直径为 $\sqrt{N}-1$，对剖宽度为 $2\sqrt{N}$，所有节点的节点度都为 4。Illiac 网孔连接依然是非对称的。与平面网孔连接相比，这种连接带宽提高了一倍。

2-D 环绕网孔的连接则如图 2-2(c)所示，这种网孔连接在垂直和水平方向上都呈环形。这种网孔连接的网络直径为 $2(\sqrt{N}/2)$，对剖宽度为 $2\sqrt{N}$，节点度为 4。由于水平和垂直方向上环绕形式一致，因此这种连接是对称的。其带宽同样比平面网孔连接提高了一倍。

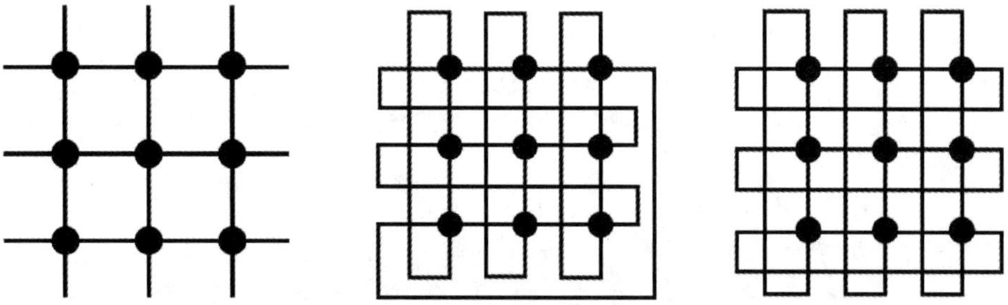

(a) 平面网孔连接　　　　(b) Illiac 网孔连接　　　　(c) 2-D 环绕网孔连接

图 2-2　平面网孔连接及其变种连接

3. 超立方连接

超立方连接分为超立方体连接和超立方环连接。一个 n 维超立方体连接有 $N=2^n$ 个节点,即每个节点的节点度为 n。比如一个 3 维超立方体就是一个正方体的形式,有 8 个节点,每个节点的节点度为 3。图 2-3(a) 给出了 4 维立方体连接的拓扑结构,它有 16 个节点,节点度显然为 4。超立方体连接的网络直径为 n,即 $\mathrm{lb}N$,对剖宽度为 $N/2$。显然,超立方体连接是对称的。该网络拓扑结构具有不错的带宽,但由于其结构本身的原因,想要构成多维超立方体的代价是比较大的,因此其可扩展性较差。

超立方环连接是在超立方体连接基础上扩展的。如果将 n 维超立方体中的每个节点都用一个环来代替,其中环中的节点数也为 n,则这样的拓扑结构称为超立方环。图 2-3(b) 展示了一种将 3 维超立方体连接扩展为 3 维超立方环连接的例子,其中超立方体中原本的每个节点都由一个包含 3 个节点的环代替,这样,每个节点的节点度仍然为 3。通常,超立方环中环内的节点数与原先立方体的维数相等。超立方环连接也是对称的。

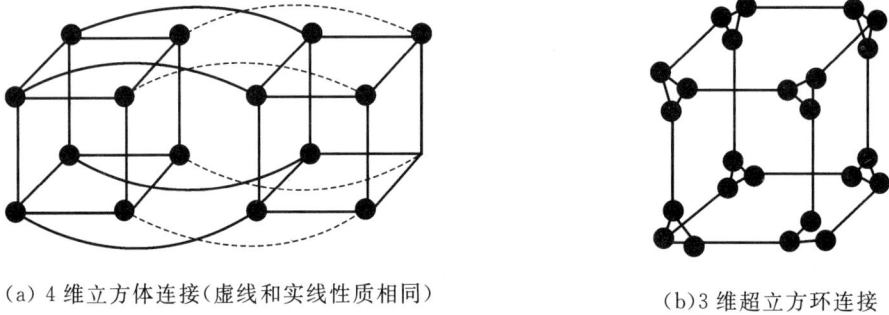

(a) 4 维立方体连接(虚线和实线性质相同)　　　　(b) 3 维超立方环连接

图 2-3　超立方连接

假设现在有一个 k 维超立方环连接,这里的 k 即每个环内的节点数,那么整个拓扑结构中的环的个数就是 $n=2^k$,节点总数就为 $N=k \cdot n=k \cdot 2^k$。每个节点的节点度为 k,网络直径为 $2k-1+\lceil k/2 \rceil$,对剖宽度为 $N/(2k)$。

4. 树连接

树连接的主要形式是二叉树连接,如图 2-4 所示。除了根节点和叶节点,其余的所有节点的节点度均为 3,包含一个父节点和两个子节点。由于存在根节点,二叉树连接的对剖宽度显然为 1。二叉树连接的网络直径则为 $2(\lceil \mathrm{lb}N \rceil-1)$。树连接不是对称的。

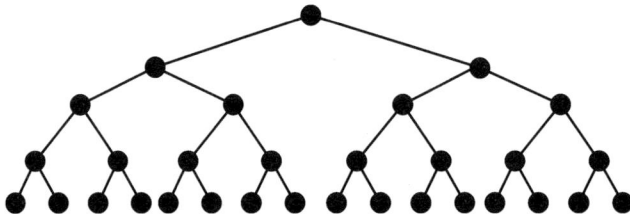

图 2-4　二叉树连接

二叉树连接有个很明显的缺点,那就是越接近根节点,其可能需要传输的数据量就越大，可能会造成二叉树的上层负担过重。因此，一种 Fat Tree 连接被提出了[4]，如图 2-5 所示。由图可以看到，越接近根部，连接节点的边的数量就越多。这样就很好地解决了根节点附近通信负担过重的问题。

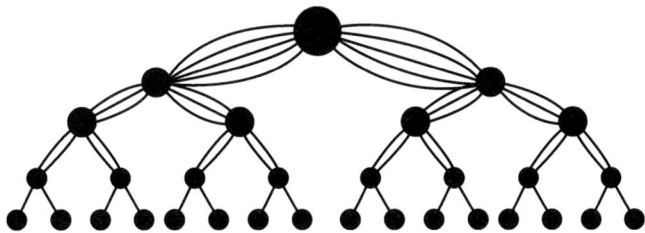

图 2-5　Fat Tree 连接

5. 网络的嵌入

将网络 A 嵌入网络 B 是指将网络 A 中的各个节点尽可能地映射到网络 B 中去。这里网络 A 称为被嵌网络，网络 B 称为主嵌网络。网络嵌入有一个衡量指标，即膨胀系数（Dilation），它是指当网络嵌入后，主嵌网络包含被嵌入网络的边数。如果膨胀系数为 1，则称为完美嵌入。例如，在前面的例子中，环连接就可以完美嵌入超立方体连接中去。

2.1.3　动态互连技术

与静态互连技术相对应，采用动态互连技术的网络称为动态网络，其链路是可以随程序的需求而改变连接状态的。动态网络内部的许多网络交叉点设有开关单元，它们可以控制网络的连接方式。开关单元的形式包括电子开关、断路器、仲裁器等。

动态网络同样有几个用来衡量网络特性的指标。

（1）单位处理器带宽。单位处理器带宽是指每个处理器能够分到的带宽量。

（2）开关数。由于动态互连技术使用开关改变连接方式，因此，使用的开关数是衡量网络成本和网络性能的重要指标。

（3）线路数。网络的总线路数与单位链路的线宽有关，也可能与网络节点数有关。

常见的动态互连技术采用总线、交叉开关和多级互连网络来实现互连。下面分别对它们进行讨论，并重点介绍总线。

1. 总线

总线是一种计算机内部组件之间传递信息的公共通信干线，负责数据传输和逻辑控制。每条总线线路在同一时间内都只能传输单位比特的数据，因此，总线由许多条线路组成。总线可同时传输的数据量称为线宽。

总线有许多不同的标准，对应的数据传输速率也不同，但总体而言总线的传输速率非常快，速率相对比较慢的如 USB1.1，速率为 12 Mb/s 左右，而速率相对较快的如 PCI2.1，速率可达 4 Gb/s。一般而言内部总线（连接 CPU、内存等）的速率总是快于外部总线（连接外部 I/O 设备）的速率。一个典型的总线连接布局如图 2-6 所示。

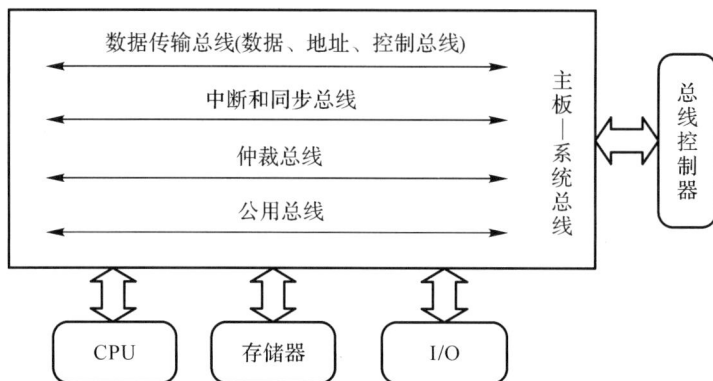

图 2-6 典型的总线连接布局

计算机主板上的总线系统是最为复杂的,用于计算机各个设备之间的数据传输和逻辑控制,由许多负责不同任务的总线构成,主要有数据传输总线、中断和同步总线、仲裁总线以及公用总线。

(1) 数据传输总线,由数据总线、地址总线和控制总线组成。它们共同完成 CPU 与其他设备之间数据传输的任务。其中数据总线的宽度决定了 CPU 与外界设备传输数据的速率,CPU 通过地址总线来指定数据的存储单元地址,控制总线传输 CPU 发给设备的命令和设备回应给 CPU 的反馈信号。早期的地址总线通常是 32 条,可以指定 4 GB 的地址空间,如今随着内存的扩大,再扩展地址总线会使得布线烦琐,因此,高于 32 位的地址总线通常与数据总线复用。

(2) 中断和同步总线,用于处理一些指令的中断要求,这些指令往往具有比当前执行的指令更高的优先级。

(3) 仲裁总线,包括总线请求线和总线授权线。在同一时刻,可能会有多个设备发出请求,需要使用公用总线,这时设备发出的请求就由仲裁总线进行仲裁,决定当前单位时间内哪个设备可以使用公用总线。

(4) 公用总线,包括时钟信号线、电源线、地线、系统复位线以及断电的时序信号线。几乎所有的设备都会使用公用总线,公用总线是分时工作的,当多个设备发出请求时,如何分配时间单元就十分重要。

除了系统总线外,CPU、存储器、I/O 模块内部都有自己的总线,用于内部的数据传输。总线控制器是总线系统的核心,用于总体管控总线的运作。总线控制器并不一定是总线内部的一个设备,它是总线管理设备、控制数据传输这种功能的总称,可以由各个设备中的控制部件和总线共同实现。

假设一个总线系统连接 n 台处理器,总线的线宽为 ω 位,则系统内单位处理器能够分到的带宽为 ω/n 至 ω 位。总线系统中,要控制每个处理器相当于要为每个处理器配备一个开关,则所需开关数为 n,所需的连线数显然为总线线宽 ω。

2. 交叉开关

从设备的角度看,交叉开关是以矩阵方式配置排列的开关集合。交叉开关的工作原理类似于传统的电话交换机,能够在多个源和多个目的地之间建立动态的连接方式,如图

2-7(a)所示。图 2-7(b)为一个典型的交叉开关网络。

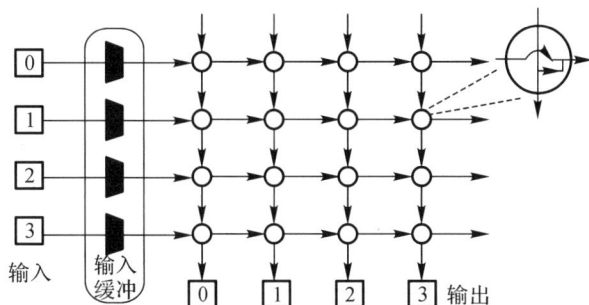

（a）4×4 交叉开关示意图

（b）交叉开关网络

图 2-7　交叉开关

从图 2-7(a)中可以看出，交叉开关有多条输入和输出线路，这些线路纵横交错形成很多个交叉点。在这些交叉点处，线路的连通与断开由控制线路的连接元件来控制。同时，每个输入端都有一个缓冲装置，使数据可以等待所需的开关开启。

给定结构的交叉开关是可以并发的，即一个开关的连接不会阻止其他输入连接到其他输出。例如，图 2-7(a)所示的 4×4 交叉开关，当输入 0 与输出 1 通信时，并不会影响输入 2 与输出 3 的通信。这种情况下，两者就是并发的。

有时，一个输入可以与多个输出同时连接，这种情况多见于多个存储器同时被写入。例如，当图 2-7(a)所示交叉开关的输出连接存储器时，输入 1 的 4 个交叉开关同时打开，输入 1 的数据就可以同时写入 4 个存储器中。

交叉开关的开关成本很高，一个将 n 个处理器与 n 个存储器连接起来的交叉开关网络需要配备 n^2 个开关，这大大增加了交叉开关的成本，因此限制了其在大型系统中的应用。交叉开关网络中，单位处理器的带宽为 ω 至 $n\omega$ 位，可以看到带宽相比于总线系统大大提高了，但交叉开关需要的连线数为 $n^2\omega$。

3. 多级互连网络

多级互连网络（Multistage Interconnection Network，MIN）是一种高速网络，它通常用于处理器和存储器之间的连接，由一组分阶段相互连接的开关元件构成网络，故因此而得名。MIN 通常用于并行计算的低延迟互连，也可用于连接协同处理器与主处理器，比如在执行分类、循环唯一、比特排序等操作时，使用 MIN 可以大大提高传输速率。

　　MIN 实际就是将许多单级交叉开关连接起来，构成不同的连接方式。MIN 中通常使用的单级交叉开关都是最简单的 2×2 交叉开关，多个交叉开关构成了一级。级与级之间不同的连接方式形成了不同种类的 MIN。其中，比较常见的 MIN 连接方式有 Ω 网络、蝶形网络、均匀洗牌等。其中，8×8 的 Ω 网络的结构如图 2-8 所示，它共有三级开关单元，每级开关单元包含 4 个 2×2 交叉开关。

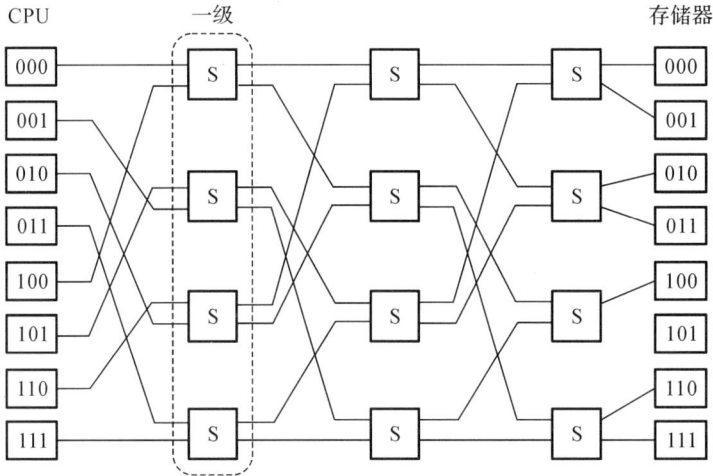

图 2-8　8×8 的 Ω 网络结构

　　下面讨论 Ω 网络的性质。对于一个 $n×n$ 的 Ω 网络，共有 $\text{lb}n$ 级开关单元，每级包括 $n/2$ 个交叉开关，所以开关总数为 $\frac{n}{2}\text{lb}n$。假设线宽为 ω 位，则需要的连线数为 $\frac{n\omega}{2}\text{lb}n$。显然，Ω 网络需要的开关数和连线数要大大少于单纯用交叉开关连接的网络，且其单位处理器的带宽保持不变，仍然为 ω 至 $n\omega$ 位。因此，它已经被用在一些大型并行计算机中，且取得了不错的应用成果。

2.2　常见的并行计算系统架构

2.2.1　对称多处理机

　　对称多处理机(SMP)是一种涉及多个处理器通信和访存方式的硬件和软件体系架构。该架构中，两个或多个同构的处理机的地位是平等的，它们都连接到同一个共享存储器上，具备访问所有输入和输出设备的权限，且由单一操作系统来控制。目前，绝大多数的多处理器并行系统都使用 SMP 架构。SMP 架构属于多指令多数据流（Multiple Instruction Multiple Data，MIMD)架构，这种架构可以同时对多个指令和多个数据流进行处理。事实上，大部分的并行处理机都是 MIMD 架构。

　　注意，SMP 架构所谓的"共享存储"是指共享内存，并不包括处理器所独有的缓存[5]。

因此,对于 SMP 中的处理器而言,如果数据在其本身的高速缓存中,那么处理器显然会优先访问自己的高速缓存,而不是内存。只有当数据在多个处理器共享的内存中时,SMP 的架构才发挥作用。

在 SMP 中,所有的处理器都与总线或者交换机紧密耦合,因此 SMP 是一个紧耦合系统。共享的组件包括内存、硬盘和 I/O 设备。针对这样特殊的架构,必须设计专门的操作系统来使整个 SMP 正常运行。操作系统必须支持 SMP 架构,否则,额外的处理器将始终处于空闲状态,SMP 会作为单处理器运行。通常在工作时,每个处理器上运行的都是一个操作系统的副本。针对不同的问题和任务,SMP 可以使多个处理器分别执行不同的任务,处理不同的数据流,以达到并行的目的。

并不是所有的程序放在 SMP 上都能够得到性能提升。事实上,一些程序放在 SMP 上运行效果反而会比在单处理器上运行时的效果差,这是因为程序在 SMP 上运行时经常会遭遇硬件中断从而暂停程序执行。但是对于某些特定的应用,特别是计算型的、适于并行执行的项目,相对于在单处理器上运行,在 SMP 上运行的程序性能往往能提升至几乎等于 SMP 中处理器数量的倍数。

从图 2-9 中可以看出,每个处理器都通过高速总线来访问共享内存,访问内存的成本对于所有处理器而言是相同的。换句话说,这是一个对称的体系架构,架构中的每个处理器都具有同等的地位,对称多处理机因此而得名。此外,由于 SMP 中每个处理器的高速缓存(Cache)内容通常需要保持同步,再加上存在共享内存,因此 SMP 的可扩展性会有一定的限制,其处理器个数不能太多,一般不超过 64 个。

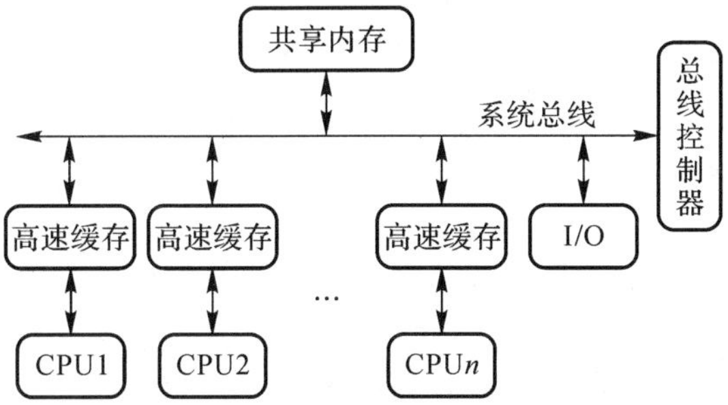

图 2-9   对称多处理机系统架构

多个处理器对共享内存进行访问时,一般需要按顺序进行,同时需要保持处理器与高速缓存的一致性。这使得整个 SMP 性能的提升倍数可以接近处理器的个数,但是无法达到处理器的个数。

SMP 处理多作业时通常会遇到硬件效率降低的问题,即随着作业的执行,某些处理器在某些时刻处于空闲的状态,没有得到充分利用。目前,已经有一些软件可以比较合理地安排计算机作业,这些软件可以单独调度每个 CPU,使得处理器的利用率最大化,甚至还能够协调多个 SMP 集群共同工作来发挥集群的最大潜力。

2.2.2   大规模并行处理机

大规模并行处理机(MPP)是指多个由处理器、局部内存以及网络接口构成的节点组成的并行计算体系,节点之间由高速网络相互连接,这些网络可以根据具体需要重新进行配置。

MPP 与 SMP 一样，同样是 MIMD 架构。如图 2-10 所示，MPP 的每个节点内部都有能够被本地处理器访问的存储器（局部内存），因此其存储器是分布式的，而不是像 SMP 那样全局共享的。每个处理器都经过严格封装，只能访问自己节点的程序和内存。处理器之间的点对点通信通常在配置网络的时候实现[6]。

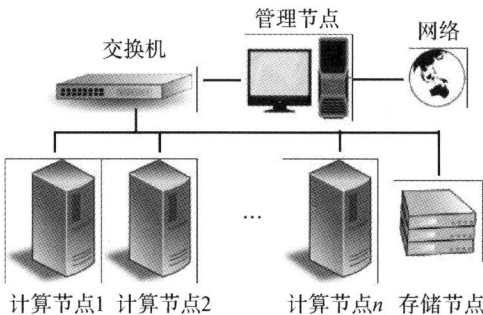

图 2-10 大规模并行处理机系统架构

MPP 具有良好的扩展性，它能够放置成百上千甚至上万个处理器。通过大量并行工作的处理器，MPP 可以完成比传统芯片更苛刻的任务。

在 MPP 上运行的程序通常被分为多个对象，每个对象都被分配到不同的处理器上运行。数据也同样地被分配到每个对象对应的本地存储器中。因此，整个程序一般由多个进程组成，每个进程都有其私有地址空间，进程之间采用消息传递机制相互通信。一般来说，程序设计的原则包括最大化总吞吐量、最大限度减小本地通信延迟、优化性能以及提高效率。

MPP 主要应用在高性能嵌入式系统的应用实例上和硬件加速方面，例如视频压缩、图像处理[7]、医学成像[8]、流媒体应用等计算密集型任务。

2.2.3 集群系统

集群系统是由一组松散或者紧密耦合的计算机节点组成的。这些节点通常一起协调工作，因此在很多情况下，它们可以视为一个单独的系统。集群系统中的每个节点通常会执行相同的任务，并由专门的管理软件控制和调度，因此集群系统也是并行计算机系统。典型的集群系统架构如图 2-11(a)所示，图 2-11(b)为某集群系统实物图。

（a）集群系统架构 （b）集群系统实物图

图 2-11 集群系统

每个集群系统通常配备一个管理节点，管理节点通过网络和交换机与所有的计算节点以及存储节点(如果有的话)相连。管理节点通过专门的管理软件来管理集群,包括任务分配、节点间通信、用户管理等。

集群系统的每个节点运行自己的操作系统实例,节点之间通过快速局域网,即高速网络和交换机相互连接。在大多数情况下,所有节点都使用相同的硬件和相同的操作系统,不过在某些特殊的集群系统中,例如 Open Source Cluster Application Resources(OSCAR),可以在不同的节点上安装不同的操作系统或使用不同的硬件[9]。与 SMP 等大型并行处理机不同,集群系统内的节点通常不共享物理内存。但许多集群都使用了集群文件系统,所有的计算节点都有访问集群内部公共文件系统的权限。集群文件系统,通常配备有大量的存储设备(硬盘),可以存储大量的数据。集群中节点之间的通信通常使用消息传递接口(Message Passing Interface,MPI)技术。MPI 技术会在本书的第 4 章详细介绍。

集群系统的前期构建成本较低,网络速度的提高以及分布式算法的出现,都促进了集群系统的问世和推广。与高可靠性的大型并行处理机如 SMP、MPP 相比,集群的扩展成本更低,但这种架构也增加了容错方面的复杂性,因为通常集群运行时的错误对程序并不透明。

集群内部节点之间的耦合程度是由具体的任务决定的。假如一个任务需要集群内的每个节点之间进行频繁的通信,则集群的耦合程度很高,这种情况下的集群可以视为并行计算机系统;假如集群执行的作业任务只会用到少数几个节点,且节点之间几乎没有通信,则这种情况下集群更接近网格计算的概念。

如今,集群系统已经被广泛使用。例如一些公司用集群系统搭建云平台供员工或客户使用,这是一种松耦合的使用集群的方式;有些集群系统被用于高性能计算,例如航空航天项目和科研院所的研究,它们利用集群耦合多个计算节点的能力以及内部高速网络带来的低延迟,实现复杂的计算任务,这种集群属于并行计算机系统。

2.3　存取模型与存储结构

2.3.1　并行计算机存取模型

前文已经介绍了并行系统的互连模式和系统架构,下面将介绍并行计算机(简称并行机)存储器的存取模型。存取模型与并行机的架构是并行机最重要的两个方面,它们共同决定了并行机的特性和实际用途。并行机的存取模型主要有均匀存储访问(Uniform Memory Access,UMA)、非均匀存储访问(Non-uniform Memory Access,NUMA)、全高速缓存存储访问(Cache-only Memory Access,COMA)、高速缓存一致性非均匀存储访问(Coherent-cache Non-uniform Memory Access,CC-NUMA)、非远程存储访问(No-Remote Memory Access,NoRMA)这几种模型。下面分别进行介绍。

1. 均匀存储访问(UMA)

UMA 是并行机中使用的一种共享内存模型,这种存取模型中物理内存被所有的处理器均匀共享。在 UMA 模型中，处理器对存储器任意位置的访问时间与处理器的请求内容和处理器所需要传输的数据量无关，所有处理器访问存储器的任意单元的时间是相同的，也就是"均匀"的。由于多个处理器共享一个存储器的资源，因此这种模型是紧耦合的。典型的 UMA 模型示意图如图 2-12 所示。

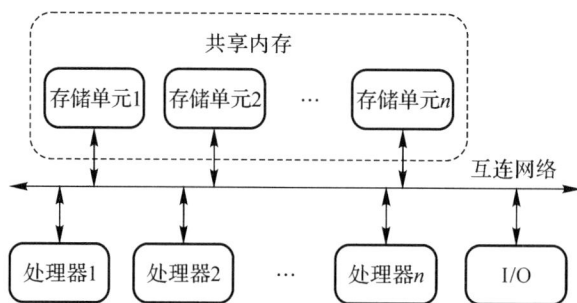

图 2-12　均匀存储访问

在 UMA 模型中，每个处理器依然可以拥有自己的高速缓存，I/O 设备等也可以以某种方式共享。假如所有处理器有均等的权限访问所有的 I/O 设备，执行同样的操作系统副本，有独自运行程序的能力，则所有的处理器都是同等地位的，也就是对称的，这样的模型就被称为对称多处理机（SMP）。反之，假如模型中存在一个或一组主处理机，用于控制 I/O、执行程序、分配任务，而其余处理器均在其管控之下，则这种模型就被称为非对称多处理机。UMA 模型适用于多用户共享时间，即分时的应用模型。

2. 非均匀存储访问（NUMA）

非均匀存储访问与均匀存储访问相对应，即访问存储器具体位置的时间取决于该位置与处理器之间的距离。造成这种非均匀性的原因在于 NUMA 的特点，如图 2-13 所示。

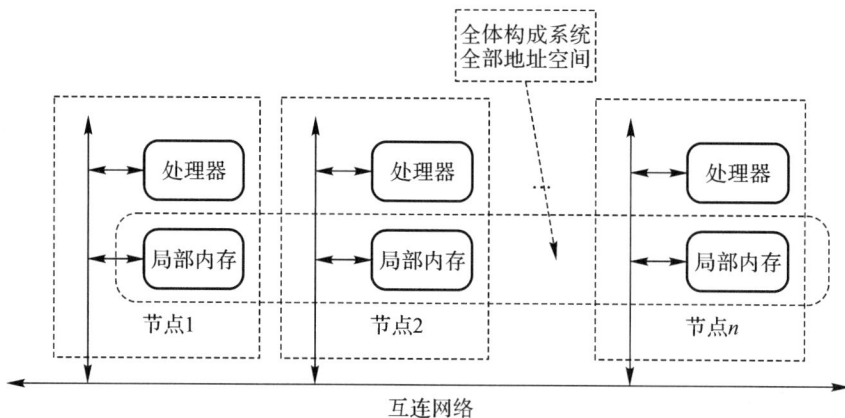

图 2-13　非均匀存储访问

限制内存访问次数是现代并行计算机提高性能的关键[10]。对于处理器来说，这意味着需配备越来越多的高速缓存并使用越来越复杂的算法来避免高速缓存未命中。操作系统和在其上运行的应用程序也越来越臃肿，使得缓存的负担越来越大。使用均匀存储访问时，这种特性很可能会使得一些处理器长时间处于空闲状态。因此，NUMA 模型尝试通过为每个处理器提供单独的内存来解决这个问题，从而避免多个处理器尝试寻址同一块共享内存时造成性能损失。

从图 2-13 中可以看出，NUMA 模型的全局内存地址是由每个处理器的内存拼接而成的，因此，每个处理器访问不同的地址空间的时间自然不同。处理器访问本地局部内存的速度一般要比访问其他位置的局部内存速度要快。与此同时，每个处理器仍然可以有本地高速缓存。系统的 I/O 设备通过某种方式被共享。NUMA 这种比较特殊的模型仅适用于一些具有特定负载的任务。

3. 全高速缓存存储访问（COMA）

COMA 本质也是一种 NUMA 模型，只是每个处理器连接的本地局部内存被高速缓存取代了，如图 2-14 所示。

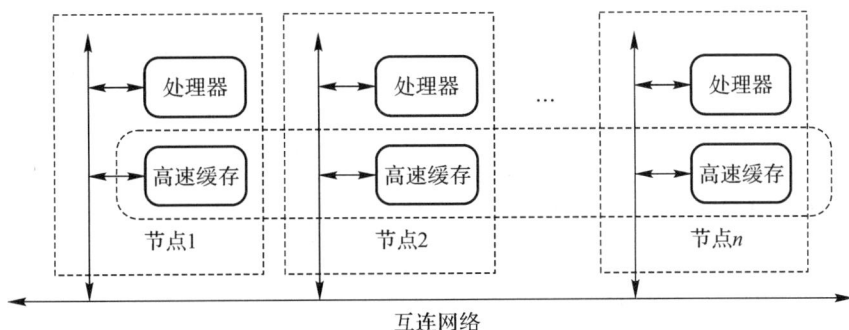

图 2-14　全高速缓存存储访问

COMA 和 NUMA 相似，所有的高速缓存地址组成了全局内存地址。COMA 中使用的高速缓存的大小通常都大于常用计算机中二级缓存的大小，但是缓存速率依然很快。

在 NUMA 模型中，由于每个处理器仍然有本地缓存空间，因此当处理器访问某些数据时，会在其本地缓存中进行复制，以便下次使用，被复制的数据也依然会在主内存中保留。但是在 COMA 中，假如来自远程的处理器访问了本地数据，则可能会导致该数据迁移。与 NUMA 相比，COMA 减少了数据冗余，可以更有效地使用存储器资源。但是相对地，COMA 也造成了两个问题：① 如何查找特定的数据，尤其是非本地的数据；② 一旦本地的存储空间满了，应当如何处理。

目前已经有一些策略尝试解决这些问题，比如可使用各种形式的目录来维护本地高速缓存中的空闲空间，可使用迁移策略或是只读副本策略来解决存储空间满的问题。其中一种迁移策略叫 Reactive NUMA，它允许存取模型一开始使用 NUMA，并在适当的时候切换到 COMA[11]。同时，还有一些人提出的 NUMA-COMA 混合架构组织也是一种很好的解决策略。

4. 高速缓存一致性非均匀存储访问（CC-NUMA）

由于传统的 NUMA 在保持缓存一致性上会有很大的开销，因此 CC-NUMA 模型就产生了，它的结构如图 2-15 所示。

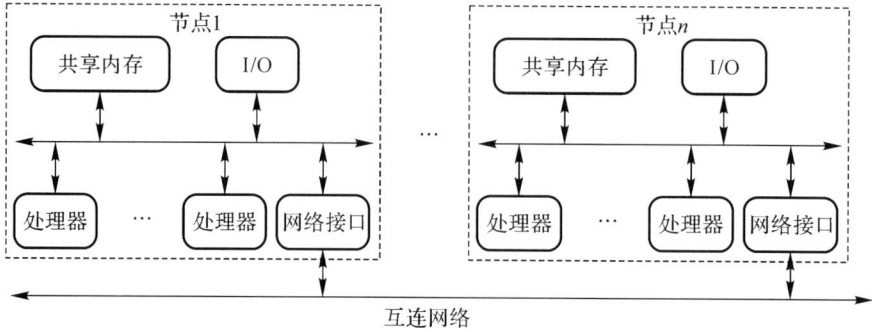

图 2-15　高速缓存一致性非均匀存储访问

事实上，CC-NUMA 模型是将一些 SMP 机器作为节点连接起来的，当然，这些 SMP 机器的内存地址也和普通的 NUMA 模型一样构成一个统一的地址空间。通常，CC-NUMA 使用高速缓存控制器来处理处理器之间的通信，这种控制器使用基于目录的协议，当多个高速缓存存储相同地址的存储器数据时，能够保持一致的存储器映像，从而使得高速缓存保持一致性。

CC-NUMA 事实上是一个分布式共享存储的多处理机系统。由于每个节点相对独立，因此 CC-NUMA 具有良好的扩展性。此外，用户在实际使用系统时，无须在各个节点上有针对性地分配数据，数据通常由系统在程序开始前随机分配，在程序开始运行后，由于缓存具有一致性，数据会自动随着系统的同步功能移动至需要它的存储器中。

5. 非远程存储访问（NoRMA）

NoRMA 模型中，处理器不能访问所有的存储器，每个存储器都有本地内存地址空间。NoRMA 中本地处理器是不能够直接访问远程存储器的。NoRMA 中通常通过消息传递的模式来进行处理器之间的通信，处理器可以通过这种方式向远程节点发送请求，所返回的消息中可以包含远程存储模块中的数据。NoRMA 的结构如图 2-16 所示。

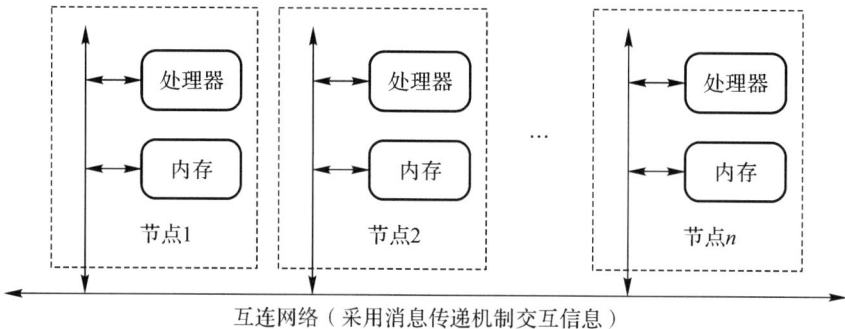

图 2-16　非远程存储访问

NoRMA 模型的优点是能够构建极大型的架构，利用多用户模型来解决问题。NoRMA 需要将所有数据相对均匀地划分为本地内存模块，保证构架一致性来确保软件运行时缓存一致，它还需要定义从一个处理器的地址空间到另一个处理器地址空间的数据标志符转换，并实现用于远程访问的消息传递机制。因此，整体而言，NoRMA 模型是非常复杂的。现在主流的集群系统（Cluster）就是采用 NoRMA 模型。

2.3.2　存储结构

　　要熟练地使用并行计算机，写出执行效率高的代码，避免代码执行过程中出现错误，或是对现有的程序进行优化，就需要对计算机的存储结构有所了解。现代计算机的存储结构主要以层次存储结构为主，绝大部分计算机的存储结构都如图 2-17 所示。这是个塔状的结构，顶端的存储设备通常比底端的设备具有更快的读写速率，但是相应地，其单位容量的成本也在增加。因此，越接近顶端的设备在计算机中的容量就越小。下面分别简单介绍各个存储设备。

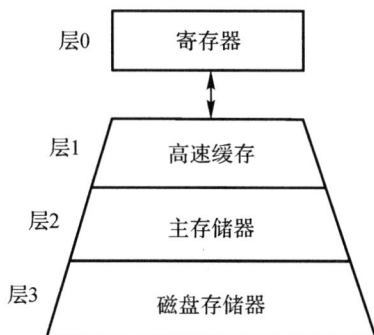

图 2-17　计算机的存储结构

　　(1) 寄存器。寄存器是 CPU 的组成部分，它是存储容量有限的高速存储设备，可以用来暂存指令内容、数据和地址。根据具体用途，寄存器可以分为地址寄存器、常量寄存器、数据寄存器、浮点寄存器、向量寄存器等。在 32 位处理器中，每个寄存器就是 32 位的。普通的 86 位处理器共有 16 个寄存器。寄存器中内容的分配由编译器完成。

　　(2) 高速缓存。高速缓存(Cache)也是 CPU 的部件之一，它用于减少处理器访问内存所需的平均时间。高速缓存的容量远小于主存储器，但存取速度却可以接近处理器的频率。当 CPU 发出内存访问请求时，会先查看高速缓存中是否有所请求的数据，如果有则直接将其取回，这种情况称为命中。高速缓存一般会分为多级，这是由于高速缓存的存取速度和容量是无法兼顾的，容量越大的高速缓存存取速度就越慢，因此这种设计被提出来了。当处理器请求数据时，会先在优先级最高的高速缓存中寻找，如果未命中，则依次类推。比较常见的高速缓存的级别为两级。一级缓存大小通常为几十千字节，CPU 访问只需要几个周期；二级缓存通常为几百个千字节或更多，相比于一级缓存，二级缓存的延迟通常会高 2 到 10 倍。

　　(3) 主存储器。主存储器就是我们通常所说的内存，这是一种利用半导体技术制成的存储数据的电子设备，其中的数据以二进制方式存储。内存是 CPU 能够直接寻址的存储空间，是计算机内部主要的存储设备。内存由管理存储的部件和操作系统共同控制。存储在磁盘存储器或其他外部存储设备上的数据在使用时，都必须先写入内存中才可以被使用。对于单个计算机来说，内存的大小通常有几吉字节到数十吉字节不等，访问内存通常需要上百个 CPU 周期，有时 CPU 会花费大量的时间等待存储器 I/O 完成工作。这限制了 CPU 的工作效率。

　　(4) 磁盘存储器。如今的磁盘存储设备主要以硬盘为主，其他的磁盘存储设备还有软盘和磁带。磁盘存储设备是脱机存储设备，即其中的数据不会因为计算机的断电而消失，可以长时间存储数据。硬盘通常通过 SATA 接口与计算机连接，其容量非常大，单块可以有几百吉字节甚至数太字节之多，访问硬盘需要耗费成百上千个周期。

存储器之间的数据传输通常不会越级进行，总是按照层次结构的模型一级一级向上传输到 CPU。其中，CPU 和高速缓存之间按字存取。高速缓存和主存储器之间存取数据时，通常分成一些块来操作，比较典型的高速缓存块大小为 32 字节。而主存储器与磁盘之间以"页"为单位传输数据，典型的页的大小为 1 KB。此外，由于受内存大小的限制，很多时候并不能将需要执行的程序的相关数据一次性全部加载至内存中。因此，下面我们对页面调度机制进行简单介绍。

在程序运行所需要的数据大小超出内存大小的前提下，假如程序向内存请求数据，但在地址映射的过程中，发现所需要访问的页面不在内存中，这时就产生了缺页中断。发生缺页中断后，操作系统必须在内存中选择一个页面将其移出内存，以便为即将调入的页面让出空间。通常通过页面置换算法来选择移出内存的页面，选择合适的页面置换算法是很重要的，因为页面置换十分频繁，会造成系统访问磁盘的次数过多。又由于访问磁盘是一种相对较慢的存取数据方式，这会使得 CPU 长时间处于等待状态，从而影响程序运行效率。

常用的页面置换算法如下：

（1）先进先出（FIFO）法：总是将最早进入内存的页面置换出去。这种算法通常会产生较多的置换次数。

（2）最佳置换（OPT）法：选择在以后不再使用或有可能最晚被使用的页面置换出去。这是一种很理想化的置换算法，但是这种算法比较难以实现。

（3）最近最久未使用（LRU）法：将最近一段时间里最久没有使用过的页面置换出去。这种算法通过时间戳标记页面，假如有访问则将时间戳置为 0，新进入时间戳同样为 0，置换时选择时间戳最大的页面。

（4）最近最少使用（LFU）法：将最近一段时间访问次数最少的页面置换出去。这种算法通过记录访问频次来标记页面，最近一段时间有访问则加 1，需要置换时选择标记次数最小的。

并行计算机往往存在多个处理器，每个处理器都有本地的高速缓存。假如多个处理器的高速缓存访问的是同一段内存中的数据，随着程序的运行，若其中一个处理器改写了高速缓存，其他处理器未改变，当其他处理器需要调用这个数据时，则产生了高速缓存一致性问题。下面对高速缓存一致性问题进行详细讨论。

某个处理器的高速缓存内容更新后，为了使主存储器相应位置内容也保持一致，有两种更新主存储器的方式，分别是写回法和写通过法。

写回（Write Back）法：当某个高速缓存的内容发生改变时，改变的内容不会立即写入主存储器，而是在被改变的内容从高速缓存中换出时才写回主存储器。这种方法使得高速缓存发生改变时都可以快速完成修改，只有在替换时才需要将内容写回较慢的主存储器，减少了对内存的访问次数，提高了访存效率。为了确保这种策略的准确性，每个高速缓存行都会配置一个修改位，以此标记该行是否被 CPU 修改过。

写通过（Write Through）法：每当高速缓存内容改变，就同时修改主存储器的对应位置。这种方法的优点是每个高速缓存行无须设置修改位，也不需要设计相应的判断逻辑，但相对应地，每次修改高速缓存都必须同时访问一次主存储器，降低了程序执行的效率。

不过，无论是写回法还是写通过法，都会造成高速缓存不一致问题，详见图 2-18。

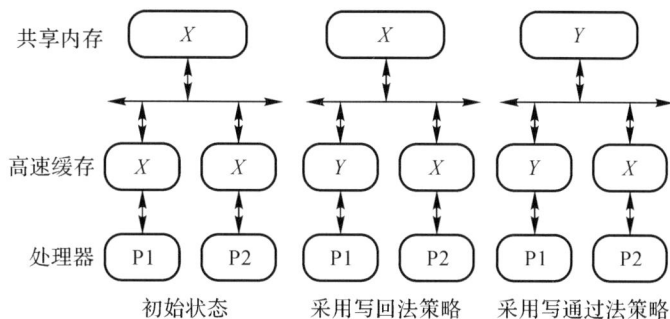

图 2-18　造成高速缓存不一致的原因

如图 2-18 所示，该系统有 P1 和 P2 两个处理器，一开始它们高速缓存中的内容和主存储器中一样，均为 X。此时，P1 处理器对自身的高速缓存进行了改动，其中的数据从 X 变为 Y。当采用写回法策略时，直到 Y 被写回内存之前，P1 处理器高速缓存中的内容都是 Y，而 P2 处理器高速缓存中内容仍然为 X，这就发生了高速缓存不一致问题。同样，使用写通过法策略时，当 P1 发生变化，内存中的内容同时也变为 Y，在 P2 再次从内存中读取数据之前，P1 与 P2 的高速缓存内容也是不一致的。因此，为了解决高速缓存不一致的问题，并行处理机中主要采用总线监听协议来解决这个问题。

在通过总线连接通信的并行计算机中，当某个处理器的某个高速缓存行被修改时，通常采用总线的广播功能来控制其他处理器中该高速缓存行的状态，来保证所有处理器的高速缓存一致性，主要有写无效和写更新两种策略。在具体讲解两种策略之前，先介绍下总线监听协议中标记高速缓存行的三种状态：

（1）被修改（Modified，M）：该高速缓存块 CPU 已经被修改。

（2）共享（Shared，S）：该高速缓存块未被修改，且可能是最新的，处于可以被共享的状态。

（3）无效（Invalid，I）：该高速缓存块被标记为无效状态，可以被视为高速缓存中无用的数据。

事实上，MSI 标记法是大多数高速缓存一致性保持策略通用的标记方法。下面介绍总线监听协议下的两种保持高速缓存一致性策略。

如图 2-19 所示，当采用写回法时，若某个处理器将某个高速缓存行内容修改为 Y，此时该处理器会将这种变化由总线广播给内存和其他处理器缓存，其他所有处理器缓存的该行以及内存中的该行都被标记为 I，而被修改的处理器那一行被标记为 M。当其他处理器需要读取该缓存行时，检测到该行状态为 I，同时内存中该行状态也为 I。这时该处理器通过总线向所有处理器广播，如果检测到其他处理器有标为 M 的，则被标记为 M 的数据会被写回内存中，同时该数据从 M 修改为 S。此时其他缓存可以从内存中读取数据，一旦读取后，对应缓存行的数据会从 I 修改成 S。当采用写通过法时，过程与采用写回法时类似，区别在于当高速缓存行内容修改为 Y 时，内存的对应行也被修改，且标记为 S，这样其他处理器可以直接从内存中获取数据。

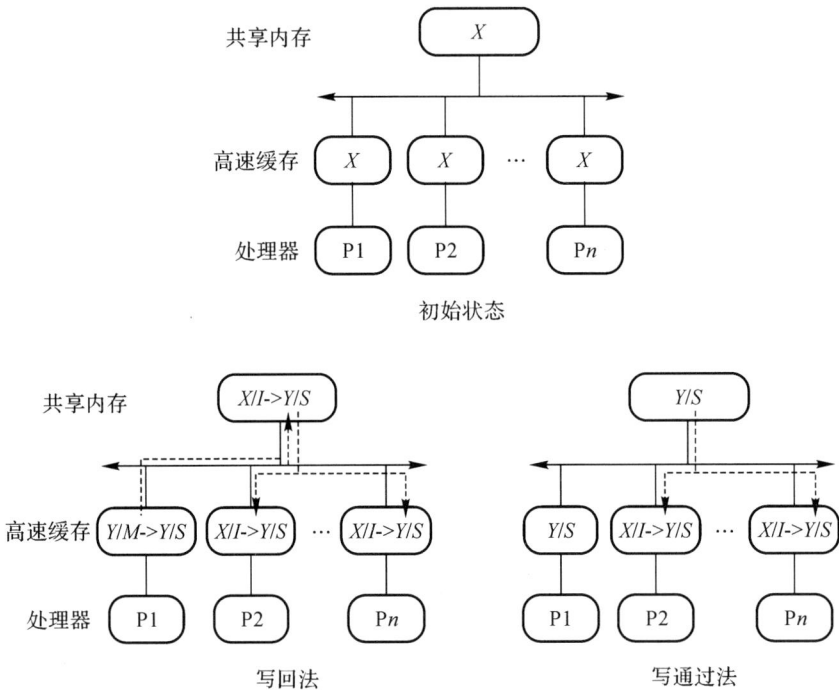

图 2-19 写无效策略

与写无效策略相对应,写更新策略就是在高速缓存被修改后将被修改的部分同时广播到所有处理器的高速缓存。具体来说,采用写回法时,当某个处理器的某一高速缓存行被修改了为 Y,则处理器立刻通过总线向其他所有处理器广播,其他处理器对应的高速缓存行也同时修改为 Y,并且修改行的状态仍然为 S,但是由于写回法不会修改内存中的数据,因此收到广播后,内存中的对应行状态被改为 I,直到某一缓存执行写回时才将数据修改为最新,且状态也修改为 S。采用写通过法时,当数据被修改后,处理器直接向内存和其他处理器广播,将其他处理器和内存中的对应行直接修改为最新值。显然,使用写更新策略会造成大量的通信,很可能使并行机的效率降低(参见图 2-20)。

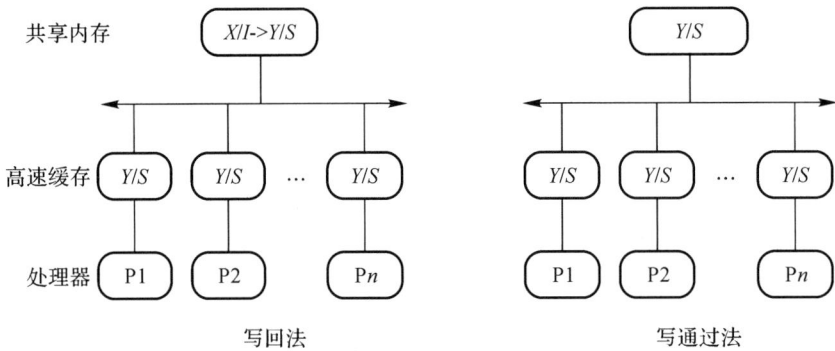

图 2-20 写更新策略

还有其他保持高速缓存一致性的策略,例如缓存目录技术等,在这里不作详细介绍,有兴趣的读者可以参考相关文献。

参 考 文 献

［1］　ADVE S，ADVE V S，AGHA G，et al. Parallel computing research at Illinois：The UPCRC agenda［R］. Urbana，IL：Univ. Illinois Urbana-Champaign，2008.

［2］　MAJZOUB S S，SALEH R A，WILTON S J E，et al. Energy optimization for many-core platforms：communication and pvt aware voltage-island formation and voltage selection algorithm［J］. IEEE Transactions on Computer-Aided Design of Integrated Circuits and Systems，2010，29(5)：816 - 829.

［3］　GORYUNOV E M，AMINEV D A，IVANOV I A. Analysis of the CDFP MSA connected transceiver standard for high speed telecommunications［C］. Information Innovative Technologies. 2021：104 - 110.

［4］　LEISE RSON C E. Fat-trees：universal networks for hardware-efficient supercomputing［J］. IEEE transactions on Computers，1985，100(10)：892 - 901.

［5］　PERVAN B，KNEZOVIC J. A Survey on Parallel Architectures and Programming Models［C］. 2020 43rd International Convention on Information，Communication and Electronic Technology (MIPRO). IEEE，2020：999 - 1005.

［6］　BUTTS M. Synchronization through communication in a massively parallel processor array［J］. IEEE Micro，2007，27(5)：32 - 40.

［7］　LAURENT B. Massively parallel processing arrays (MPPAs) for embedded HD video and imaging (Part 1)［J］. Video/Imaging DesignLine，2008.

［8］　PAUL C. Multimode sensor processing using Massively Parallel Processor Arrays (MPPAs)［J］. Programmable Logic DesignLine，2008.

［9］　BRIM M J，MATTSON T G，SCOTT S L. OSCAR：Open Source Cluster Application Resources［C］. Ottawa Linux Symposium. 2001.

［10］　BLAGODUROV S，ZHURAVLEV S，FEDOROVA A，et al. A case for NUMA-aware contention management on multicore systems［C］. Proceedings of the 19th international conference on Parallel architectures and compilation techniques，ACM，2010：557 - 558.

［11］　HAGERSTEN E，KOSTER E. Wildfire：A scalable path for SMPs［C］. Proceedings of Fifth International Symposium on High-Performance Computer Architecture，1999. IEEE，1999：172 - 181.

第 3 章
并行计算模型与并行算法设计

本章着重介绍并行计算的理论知识，包括并行算法的基础知识、并行计算模型、并行计算性能评测、并行算法设计等。

3.1 并行算法的基础知识

3.1.1 并行算法的定义和分类

并行算法(Parallel Algorithm)是一些可同时执行的诸进程的集合，这些进程互相作用和协调动作从而达到求解给定问题的目的。并行算法可从不同的角度分类，如分成同步、异步和分布式并行算法，共享存储和分布存储的并行算法，等等。

同步并行算法(Synchronized Parallel Algorithm)是指算法的诸进程的执行必须相互等待的一类并行算法。异步并行算法(Asynchronized Parallel Algorithm)是指算法的诸进程的执行不必相互等待的一类并行算法。分布式并行算法(Distributed Parallel Algorithm)是指由通信链路连接的多个场点(Site)或节点，协同求解问题的一类并行算法。

在描述并行算法时，所有描述串行算法的语句及过程调用等均可使用，此外，为了表达并行性引入了几条并行语句：

(1) par-do 语句。当算法的若干步要并行执行时，我们可以使用"Do in parallel"语句，简记为"par-do"进行描述，如

    for i＝1 to n par－do
    …
    end for

其中"end for"也可用"odrap"代替。

(2) for all 语句。当几个处理器同时执行相同的操作时，可以使用"for all"语句描述，如

    for all P_i, where $0 \leqslant i \leqslant k$ do
    …
    end for

注意，为了算法书写简洁，在意义明确的前提下，参数类型总是省去，同时语句"begin...end"的使用也比较随意。

3.1.2 并行算法的复杂性度量指标

并行算法的复杂性度量指标包括期望复杂度(Expected Complexity)、最坏情况下的复杂度(Worst_Case Complexity)、最好情况下的复杂度(Best_Case Complexity)。这些复杂度的定义与串行算法的类似。但实际上在分析并行算法时,我们通常要分析如下几个指标:

(1) 运行时间 $t(n)$,指算法运行在给定模型上求解问题所需的时间(它主要是输入规模 n 的函数),通常包含计算时间和通信时间。计算时间与通信时间分别用计算时间步和选路时间步作单位。

(2) 处理器数 $p(n)$,指求解给定问题所用的处理器数目,通常取 $p(n)=n^{1-\varepsilon}$,$0<\varepsilon<1$。

(3) 并行算法的成本 $c(n)$,指并行算法的运行时间 $t(n)$ 与其所需的处理器数 $p(n)$ 的乘积,即 $c(n)=t(n) \cdot p(n)$。如果求解一个问题的并行算法的成本,在数量级上等于最坏情况下串行求解此问题所需的执行步数,则称此并行算法是成本最优(Cost Optimal)的。

(4) 总运算量 $W(n)$,指并行算法所完成的总的操作数量。通常人们并不关心也不必指明算法使用了多少台处理器。当给定了并行系统中的处理器数时,就可使用下述 Brent 定理计算出相应的运行时间。

Brent 定理(Brent's Theorem):令 $W(n)$ 是某并行算法 A 在运行时间 $T(n)$ 内所执行的运算量,则 A 使用 p 台处理器可在 $t(n)=O(W(n)/p+T(n))$ 时间内执行完毕。

$W(n)$ 和 $c(n)$ 密切相关。按照并行算法成本的定义和 Brent 定理,有 $c(n)=t(n) \cdot p=O(W(n)+p \cdot T(n))$,当 $p=O(W(n)/(T(n)))$ 时,$W(n)$ 和 $c(n)$ 两者是渐进一致的;而对于任意的 p,$c(n)>W(n)$。这说明一个算法在运行过程中,不一定都能充分地利用有效的处理器来工作。

3.1.3 并行算法的同步与通信

同步(Synchronization)是在时间上强使各执行进程在某一点必须相互等待。在并行算法的各进程异步执行过程中,为了确保各处理器的正确工作顺序以及共享可写数据的正确访问(互斥访问),程序员需在算法的适当点设置同步点。同步可用软件、硬件和固件的办法来实现。下面以多指令多数据流的对称多处理机(Multiple Instruction Multiple Data Symmetric Multiple Processor,MIMD-SMP)系统中 n 个数的求和为例,说明如何用同步语句 lock 和 unlock 来确保对共享可写数据的互斥访问。假定系统中有 p 个处理器 P_0,P_1,$\cdots$,P_{p-1};输入数组 $A=(a_0,a_1,\cdots,a_{n-1})$ 存放在共享存储器中;全局变量用于存放结果;局部变量 L 包含各处理器计算的子和;lock 和 unlock 语句执行在临界区,加锁是个原子操作;在 for 循环中各进程异步地执行各语句,并结束在"end for"处。

算法 3.1 共享存储多处理器上求和算法
输入:$A=(a_0,a_1,\cdots,a_{n-1})$,处理器数 p。
输出:$S=\sum a_i$。
伪代码如下:
begin

```
S=0
for all Pᵢ where 0≤i≤p−1 do
    for j=i to n step p do
            L=L+αⱼ
        end for
    lock(S)
            S=S+L
    unlock(S)
      end for
```

2. 通信

通信(Communication)是指在空间上对各并发执行的进程施行数据交换。通信可使用通信原语来表达：在共享内存的多处理机中，可使用 globalread(X,Y)和 globalwrite(U,V)来交换数据，前者将全局存储器中数据"X"写入局部变量"Y"中，后者将局部数据"U"写入共享变量"V"中；在分布存储的多计算机中，可使用 send(X,i)和 receive(Y,j)来交换数据，前者是处理器发送数据"X"给P_j，后者是处理器从P_j接收数据"Y"。下面以多指令多数据流的分布式内存(Multiple Instruction Multiple Data Distributed Memory，MIMD-DM)多计算机系统中矩阵向量乘法为例来说明。假定拓扑结构为环连接，矩阵 A 和向量 X 划分为 p 块：$A=(A_1,A_2,\cdots,A_p)$ 和 $x=(x_1,x_2,\cdots,x_p)$，其中 A_i 的大小为 $n\times r$，x_i 的大小为 r。假定有 $p(p\leq n)$ 个处理器，$r=n/p$ 为一整数。为了计算 $y=Ax$，先由处理器 P_i 计算 $z_i=A_ix_i$（$1\leq i\leq p$），再累加求和 $z_1+z_2+\cdots+z_p$。如果 P_i 开始在其局部存储器中保存 $B=A_i$ 和 $w_i=x_i$（$1\leq i\leq p$），则各处理器可局部计算乘积 Bw_i；然后采用在环中顺时针循环部分和的方法将这些向量累加起来；最终输出向量保存在 P_1 中。每个处理器都执行算法 3.2。

算法 3.2　分布存储多计算机上矩阵向量乘法算法

输入：处理器个数 p，第 i 个大小为 $n\times r$ 的子矩阵 $B=A(1:n,(i-1)r+1:ir)$，其中 $r=n/p$；第 i 个大小为 r 的子向量 $w=x((i-1)r+1:ir)$。

输出：P_i 计算 $y=A_1x_1+A_2X_2+\cdots+A_ix_i$，并向右传送此结果；算法结束时，$P_1$ 保存乘积 Ax。

伪代码如下：

(1) Compute z=Bw

(2) if i=1 then yᵢ=0 else receive(y,left)endif

(3) y=y+z

(4) send(y,right)

(5) if i=1 thenreceive(y,left)endif

结束

3.2　并行计算模型

计算模型是计算机硬件和计算机软件之间的一种桥梁。使用计算模型能够方便地设计和分析算法。建立计算模型应遵循的准则是计算模型对用户而言简单好用，能正确反映体系结构特征。

并行计算模型通常指从并行算法的设计和分析出发，将各种并行计算机（至少某一类并行计算机）的基本特征抽象出来，形成一个抽象的计算模型。并行计算模型是并行算法的设计基础。通常算法设计者针对同一问题会设计出多种不同算法，以适应在不同模型上求解该问题，并分析和评价各算法的优劣。针对并行计算而言，并行算法的设计与分析依赖于并行计算模型。

在串行计算中，冯·诺依曼机就是一个理想的串行计算模型，在此模型上，硬件工程师可设计多种多样的冯·诺依曼机，而不用考虑被执行的软件；软件工程师能够设计各种可以在此模型上有效执行的软件，而无须考虑所使用的硬件。对并行计算来说，目前还不存在像冯·诺依曼机这样被广泛接受和使用的计算模型。不过，人们已经提出了几种有参考价值的并行计算模型，如 PRAM 模型、BSP 模型、LogP 模型等。本节对这三种模型进行简要介绍。

3.2.1　PRAM 模型

1. PRAM 模型的定义与分类

PRAM（Parallel Random Access Machine，并行随机存取机器）模型，也称为共享存储的 SIMD 模型，是一种抽象的并行计算模型。在这种模型中，假定存在一个容量无限大的共享存储器和有限或无限个功能相同的处理器，这些处理器都具有简单的算术运算和逻辑判断功能，在任何时刻，每个处理器都可以通过共享存储器相互交换数据。

根据处理器对共享存储器同时读、同时写的限制，PRAM 模型可分为以下几种：

（1）PRAM-EREW 模型：不允许同时读和同时写（Exclusive-Read and Exclusive-Write）；

（2）PRAM-CREW 模型：允许同时读但不允许同时写（Concurrent-Read and Exclusive-Write）；

（3）PRAM-CRCW 模型：允许同时读和同时写（Concurrent-Read and Concurrent-Write）。

根据同时写的限制，PRAM-CRCW 模型又进一步分为：

① CPRAM-CRCW 模型：只允许所有的处理器同时写相同的数，即公共（Common）模型；

② PPRAM-CRCW 模型：只允许最优先的处理器先写，即优先（Priority）模型；

③ APRAM-CRCW 模型：允许任意处理器自由写，即任意（Arbitrary）模型；

④ SPRAM-CRCW 模型：往共享存储器中写的数据是所有处理器所写数据的和，即求和（Sum）模型。

2. PRAM 模型的优点

PRAM 模型的优点包括特别适合并行算法的表达、分析和比较；使用简单，很多关于并行计算机的底层细节，比如处理器间通信、存储系统管理和进程同步，都被隐含在模型中；易于设计算法，且算法稍加修改便可运行在不同的并行计算机上；有可能加入一些诸如同步和通信等需要考虑的内容。

3. PRAM 模型的缺点

PRAM 模型的缺点有使用了一个全局共享存储器，且局部内存容量较小，不足以描述分布主存多处理机的性能，而且单一共享存储器的假定，显然不适合分布存储结构的 MIMD 机器；PRAM 模型是同步的，所有的指令都按照锁步的方式操作，用户虽然感觉不到同步的存在，但它的确很耗时，而且不能反映现实中很多系统的异步性；PRAM 模型假设了每个处理器可在单位时间访问共享存储器的任一单元，要求处理器间通信无延迟、无限带宽和无开销，假定每个处理器均可在单位时间内访问任何存储单元，忽略了实际存在的、合理的细节，比如资源竞争和有限带宽，故该假设是不现实的；PRAM 模型假设处理器有限或无限，对并行任务的增大无额外开销，该假设也是不现实的；此外，该模型未能描述多线程技术和流水线预取技术，而这两种技术又是并行体系结构用得比较普遍的技术。

3.2.2 BSP 模型

BSP（Bulk Synchronous Parallel，块同步并行）模型是从 PRAM 模型的基础上发展而来的，其早期最简单的版本叫作 XPRAM 模型。BSP 模型是一种分布存储的 MIMD 计算模型。

1. BSP 模型中的基本参数

BSP 模型中的基本参数如下：

（1）p：表示处理器/存储器模块（下文也简称为处理器）的数目。

（2）g：表示选路器（处理器/存储器模块之间点对点传递消息）的吞吐率（亦称带宽因子）。

（3）L：表示全局同步之间的时间间隔。

2. BSP 模型中的计算

BSP 模型可以用图 3-1 表示。在 BSP 模型中，并行计算由一系列用全局同步分开的周期为 L 的计算组成，这些计算称为超级步（Super Step）。在各超级步中，每个处理器均执行局部计算，并通过选路器接收和发送消息；然后进行全局检查，以确定该超级步是否已由所有的处理器完成，若是，则进行到下一个超级步，否则下一个周期被分配给未曾完成的超级步。

各处理器

全局通信

障碍同步

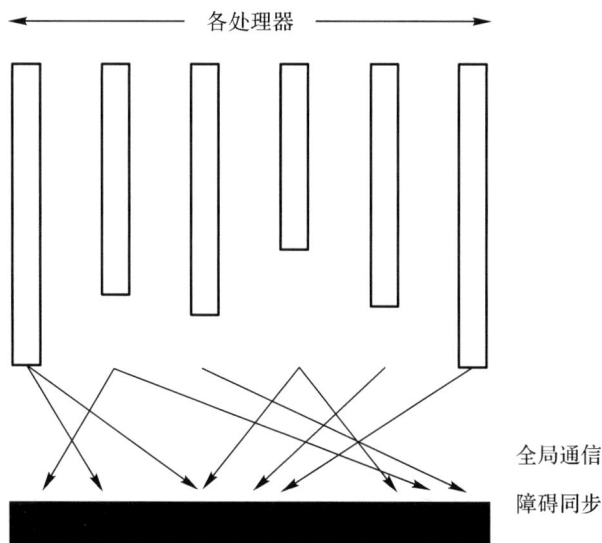

图 3-1　BSP 中的一个超级步

3. BSP 模型的特点

BSP 模型的特点如下：

（1）将处理器和选路器分开，从而分开了计算任务和通信任务。选路器仅仅完成点到点的消息传递，不提供组合、复制和广播等功能。这样既屏蔽了互联网络拓扑结构的细节，又简化了通信协议。

（2）采用了障碍同步的方式且用硬件实现的全局同步在可控的粗粒度级，从而成为执行紧耦合同步式并行算法的有效方式。

（3）为 PRAM 模型所设计的算法，都可以通过在每个 BSP 处理器上模拟 PRAM 处理器的方法来实现。

（4）克服了 PRAM 模型的缺点，但仍保留了其简单性。

3.2.3　LogP 模型

1993 年，D. Culer 等人基于 MPC(Massively Parallel Computers，巨量并行机)提出了一种新的计算模型，即 LogP 模型。它是一种分布存储的、点到点通信的并行计算模型，其中通信网络由一组参数来描述。它并不涉及具体的网络拓扑结构，也不要求算法一定要用显式的消息传递操作进行描述。

1. LogP 模型中的基本参数

LogP 模型中的基本参数如下：

（1）L：表示网络中消息从源到目的地所产生的延迟。

（2）o：表示处理器发送或接收每个消息的额外开销(包括操作系统核心开销和网络软件开销)。在这段时间里处理器不能执行其他操作。

（3）g：表示一台处理器可连续发送或接收消息的最小时间间隔，其倒数即为通信带宽。

（4）p：表示处理器/存储器模块个数。

L 和 g 反映了通信网络的容量。假定一个周期完成一次局部操作，并定义为一个时间单位，那么，L、o 和 g 都可以表示成处理器周期的整数倍。

2. LogP 模型的特点

LogP 模型的特点如下：

（1）充分揭示了分布存储并行机性能的主要瓶颈。用 L、o 和 g 三个参数描述了通信网络的特性，但却屏蔽了网络拓扑、选路算法和通信协议等具体细节。

（2）无须说明编程风格或通信协议，适用于共享存储、消息传递和数据并行等各种风格。

（3）异步工作，并通过消息传递来完成同步。

3.3 并行计算性能评测

在介绍并行计算性能评测前，我们首先定义以下参数：W 表示一个问题的规模（也常叫作计算负载、工作负载，为给定问题的总计算量）；W_s 是 W 的串行分量，W_p 为 W 的并行分量；f 是串行分量的比例，即 $f = W_s/W$，则 $1-f$ 为并行分量的比例；p 为并行系统中处理器的数目；T_s 为串行算法的执行时间，T_p 为并行算法的执行时间；T_0 表示一个并行系统的额外开销函数；S 为加速比；E 为效率，且 $E = S/p$。

3.3.1 运行时间

一个程序的串行运行时间是指程序在一个串行计算机上从开始执行到完成所需要的时间。并行运行时间指并行计算开始到最后一个处理器完成它的计算任务所需要的时间，可进一步分解为计算时间、通信时间、同步开销时间、同步导致的空闲时间。

（1）计算时间：并行程序执行所花费的 CPU 时间。计算时间可以分解为两部分，一部分是程序本身占用的 CPU 时间，即通常所说的用户时间，主要包含指令在 CPU 内部的执行时间和内存访问时间；另一部分是为了维护程序的执行，操作系统花费的 CPU 时间，即通常所说的系统时间，主要包含内存调度和管理开销、I/O 时间以及维护程序执行所必需的操作系统开销等。通常情况下，系统时间可以忽略。

（2）通信时间：进程通信花费的 CPU 时间。

（3）同步开销时间：进程/线程同步花费的时间。

（4）空闲时间：并行程序执行过程中，所有空闲或等待的时间的总和。当一个进程阻塞式等待其他进程的消息时，CPU 通常是空闲的或者处于等待状态。

另外，如果进程/线程与其他并行程序的进程/线程共享处理器资源，那么该进程/线程和其他进程/线程只能分时共享处理器资源，因此会延长并行程序的执行时间。一般假设并行程序在执行过程中，各个进程/线程是独享处理器资源的。

3.3.2 问题规模

问题规模 W 可以定义为解决问题所需要的基本操作的总计算量。采用这个定义，$n \times n$

的矩阵乘法的问题规模就是 $\Theta(n^3)$，而 $n \times n$ 的矩阵加法的问题规模是 $\Theta(n^2)$。

问题规模也可以定义为在单处理器上解决这个问题的最优串行算法的基本计算步骤的数目，也就是串行时间复杂度。这里所说的最优串行算法指的是目前已知性能最好的串行算法。

由于问题规模定义为串行时间复杂度，所以它与输入函数的大小有关。假设算法的每个基本计算步骤可以在单位时间内完成，那么问题规模等于在一个串行计算机上解决这个问题的最快的已知算法的串行运行时间。

3.3.3　额外开销函数

事实上，p 个处理器的并行系统效率不可能达到 1，加速比也不可能达到 p，原因是有些计算时间被用来进行处理器间通信，另外，还有其他一些原因。由各种原因造成一个并行系统性能损失统称为并行系统的额外开销。

1. 额外开销的定义

一个并行系统的总额外开销 T_0（或额外开销函数）定义为，并行算法对应的串行计算机上已知最快的串行算法中所没有的开销。它是并行系统中所有处理器执行最优串行算法中没有的计算所耗费的总时间。这里，T_0 是 W 和 p 的函数，所以把它写作 $T_0(W, p)$。

在 p 个处理器上解一个问题规模为 W 的问题的开销，或在所有的处理器上耗费的总计算时间为 pT_p，其中 W 个单位时间用来做有用的工作，而其他的部分都是额外开销。因此，额外开销函数、问题规模和开销可以用下面的公式来表示：

$$T_0 = pT_p - W$$

2. 额外开销的来源

并行系统中额外开销的主要来源是处理器间通信、负载不平衡和额外的计算。

（1）处理器间通信。通常并行系统都需要在处理器之间进行通信。处理器之间传输数据的时间通常是并行系统额外开销的最主要的来源。对一个具有 p 个处理器的并行系统而言，如果每个处理器耗费 t_{comm} 的时间来进行通信，则处理器间通信产生的额外开销为 $t_{comm} \times p$。

（2）负载不均衡。许多的并行程序（比如，搜索和优化）都不太可能（至少是非常困难）准确地预测到分配至不同处理器上子任务的计算规模，因此，待求解问题不能被静态地按处理器分成均匀的工作负载，如果不同的处理器有不同的工作负载，那么，在整个问题的计算过程中，就有一些处理器会处于空闲状态。

在并行程序执行过程中，某些或者全部的处理器经常需要在某些点进行同步。如果并非所有的处理器都在同一时刻同步就绪，那么，完成工作比较快的处理器就必须等待其他处理器完成工作，这段时间它是空闲的。不管是哪种原因引起的处理器空闲，所有处理器的总空闲时间构成了额外开销的一个分量。

并行算法中存在的串行部分是由处理器空闲引起的额外开销的特殊例子。并行算法的某些部分可能没有被并行化，只允许一个处理器来完成它。此时，将这样的算法中的问题规模表示成为串行分量 W_s 以及并行分量 W_p 两部分的和。当一个处理器在完成 W_s 的工作时，其余的 $p-1$ 个处理器是空闲的。这样，在一个具有 p 个处理器的并行系统中，一个规模为 W_s 的串行分量给额外开销带来了 $(p-1)W_s$ 的分量。

（3）额外计算。对很多应用问题，所知最快的串行算法也许很难（甚至不可能）并行化，这迫使我们选择一个性能较差但比较容易并行的串行算法(也就是表现出较多的并发的算法)来得到并行算法。如果用 W 来表示所知最快的串行算法的执行时间,用 W' 来表示用来开发并行算法的同一个问题的较差的串行算法的执行时间,那么,它们之间的差 $W'-W$ 应该被视为额外开销的一部分,因为它表示了并行算法所耗费的额外工作。

即使是基于最快的串行算法的并行算法,也可能比串行算法执行更多的计算,例如快速傅里叶变换。串行快速傅里叶变换中,计算的某些中间结果可以复用,而并行快速傅里叶变换中,由于这些中间结果由不同的处理器产生,无法被复用,因此,某些计算必须在不同的处理器上执行多次,这些计算也构成了额外开销的一部分。

▰▰▰ 3.4　加速比性能定律

当评价一个并行系统时,人们通常关心的是对一个给定的应用,它的并行计算比串行计算有多大的性能提高。加速比就是一个衡量并行算法性能提高的指标。简单地讲,并行系统的加速比是指对于一个给定的应用,并行算法(或并行程序)的计算速度相对于串行算法(或串行程序)的计算速度加快了多少倍,即 $S = T_s/T_p$。

本节讨论三种加速比性能定律,即适用于固定计算负载的 Amdahl 定律,适用于可扩大问题的 Gustafson 定律以及受限于存储器的 Sun-Ni 定律。

3.4.1　Amdahl 定律

对于许多科学计算,实时性要求很高,即在此类计算中实时性是一个关键因素,而计算负载是固定不变的。为此在固定的计算负载下,为实现实时性,可利用增加处理器数来提高计算速度。固定的计算负载分布在多个处理器上,增加处理器就加快了计算速度,从而达到实现实时性的目的。在此基础上,Amdahl 于 1967 年推导出了固定计算负载的加速比公式:

$$S = \frac{W_s + W_p}{W_s + W_p/p}$$

由于 $f = W_s/W$ 且 $W = W_s + W_p$,将上式右边分子、分母同时除以 W,则有

$$S = \frac{1}{f + \dfrac{1-f}{p}} = \frac{p}{1 + f(p-1)}$$

当 $p \to \infty$ 时,加速比的极限为 $\lim\limits_{p \to \infty} S = \dfrac{1}{f}$。

Amdahl 定律表明,随着处理器数目的无限增大,并行系统所能达到的加速比存在上限,且为常数 $1/f$,这个常数只取决于应用本身的性质。Amdahl 定律的几何意义可用图 3-2 来表示。

计算负载

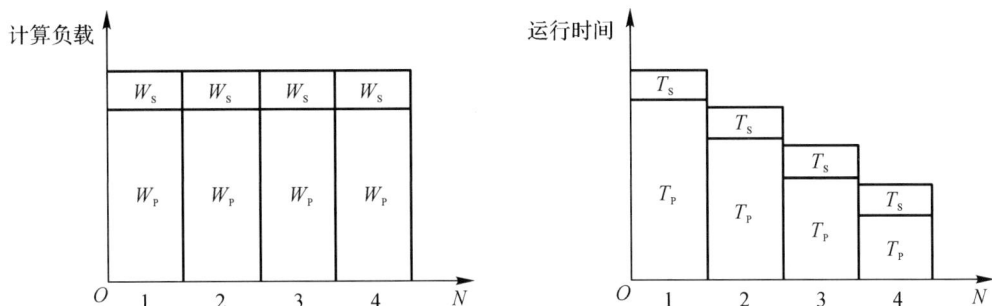

运行时间

图 3-2　Amdahl 定律的几何意义

实际上，加速比不仅受程序的串行分量的限制，而且受并行程序运行时的额外开销影响。令 W_0 为额外开销，则

$$S = \frac{W_s + W_p}{W_s + \dfrac{W_p}{p} + W_0} = \frac{W}{fW + \dfrac{(1-f)W}{p} + W_0}$$

$$= \frac{p}{1 + f(p-1) + \dfrac{W_0 p}{W}}$$

加速比的极限为 $\lim\limits_{p \to \infty} S = \dfrac{1}{f + \dfrac{W_0}{W}}$。由此可见，并行程序中的串行分量比例和额外开销越大，

加速比越小。

3.4.2　Gustafson 定律

Gustafson 定律的基本出发点如下：

（1）对于很多大型计算，精度要求很高，即在此类应用中精度是个关键因素，而计算时间是固定不变的。此时，为了提高精度，必须加大计算量，相应地亦必须增加处理器的数目来完成这部分计算，以维持计算时间不变。

（2）在实际应用中，没有必要固定工作负载而使计算程序运行在不同数目的处理器上（除非学术研究）。增加处理器时，相应地增大问题规模才有实际的意义。研究在给定的时间内，用不同数目的处理器能够完成多大的计算量，是并行计算中一个很实际的问题。

（3）对大多数问题，问题规模的改变只会改变并行计算量，不会改变串行计算量。

由此，1987 年 Gustafson 提出了扩大问题规模的加速比模型：

$$S' = \frac{W_s + pW_p}{W_s + \dfrac{pW_p}{p}} = \frac{W_s + p\,W_p}{W_s + W_p} = \frac{W_s + pW_p}{W}$$

$$= f + p(1-f)$$

$$= p - f(p-1)$$

当 p 充分大时，S' 与 p 几乎呈线性关系，其斜率为 $1-f$。这就是 Gustafson 定律。

Gustafson 定律表明，随着处理器数目的增加，加速比几乎与处理器数目呈比例线性增加。这对于并行计算系统的发展是一个非常乐观的结论。

Gustafson 定律的几何意义可用图 3-3 来表示。

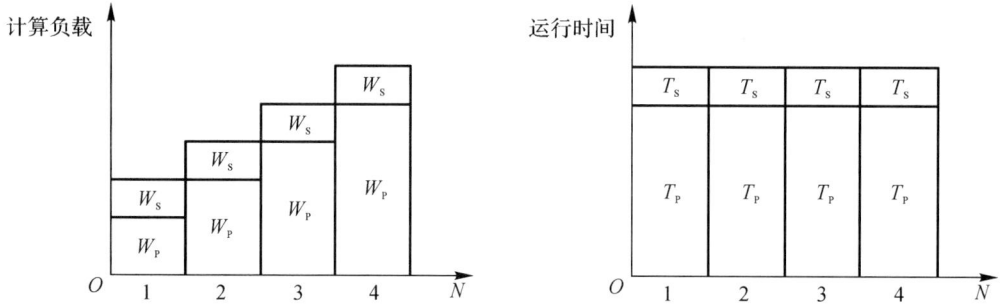

图 3-3　Gustafson 定律的几何意义

同样，当考虑并行程序运行的额外开销 W_0 时，Gustafson 定律公式应修改为

$$S' = \frac{W_s + pW_p}{W_s + \dfrac{pW_p}{p} + W_0} = \frac{W_s + pW_p}{W_s + W_p + W_0} = \frac{f + p(1-f)}{1 + \dfrac{W_0}{W}}$$

W_0 是 p 的函数，可能随着 p 增大、减小或不变。Gustafson 定律欲达到线性加速比必须使 W_0 随 p 减小，但这很困难。

3.4.3　Sun-Ni 定律

1993 年，Xian He Sun 和 Lionel Ni 将 Amdahl 定律和 Gustafson 定律一般化，提出了存储受限的加速比定律。其基本思想是只要存储空间允许，应尽量增大问题规模以产生更好或更精确的解(此时运行时间可能略有增加)。换句话说，假若有足够的存储容量，并且可扩展的问题规模满足 Gustafson 定律规定的时间要求，那么就有可能进一步增大问题规模以求得更好或更精确的解。

给定一个存储受限问题，假定在单节点上使用了全部存储容量 M，并在相应于 W 的时间内求解，此时工作负载为 $W = fW + (1-f)W$。在有 p 个节点的并行系统上，能够求解较大规模的问题是因为存储容量可以增加到 pM。若用因子 $G(p)$ 来反映存储容量增加到 p 倍时工作负载的增加量，则增加后的工作负载为 $W = fW + (1-f)G(p)W$。此时，存储受限的加速比公式为

$$S'' = \frac{W_s + G(p)W_p}{W_s + \dfrac{G(p)W_p}{p}} = \frac{fW + (1-f)G(p)W}{fW + (1-f)G(p)W/p}$$

$$= \frac{f + (1-f)G(p)}{f + (1-f)G(p)/p}$$

当 $G(p) = 1$ 时，上式变为 $\dfrac{1}{f + (1-f)/p}$，这就是 Amdahl 定律；

当 $G(p) = p$ 时，上式变为 $f + p(1-f)$，这就是 Gustafson 定律；

当 $G(p) > p$ 时，它对应于计算负载比存储要求增加得快，此时 Sun-Ni 加速比比 Amdahl 和 Gustafson 加速比都要高。

Sun-Ni 定律的几何意义可以用图 3-4 来表示。

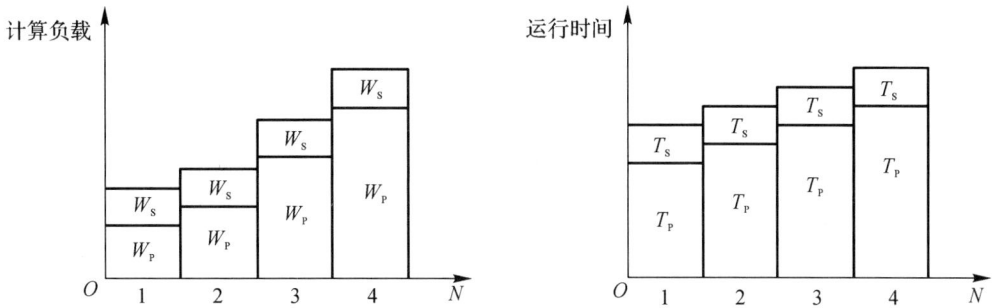

图 3-4　Sun-Ni 定律的几何意义

如果考虑并行程序运行时的额外开销 W_0，则有

$$S'' = \frac{W_s + G(p)W_p}{W_s + \dfrac{G(p)W_p}{p} + W_0} = \frac{fW + (1-f)G(p)W}{fW + \dfrac{(1-f)G(p)W}{p} + W_0} = \frac{f + (1-f)G(p)}{f + \dfrac{(1-f)G(p)}{p} + \dfrac{W_0}{W}}$$

3.4.4　有关加速比的讨论

（1）线性加速比。在实际应用中，可供参考的加速比经验公式为

$$p/\log p \leqslant S \leqslant p$$

可以达到线性加速比的应用问题有矩阵相加、内积运算等，这一类问题几乎没有通信时间开销，而且单独的计算之间几乎没有什么关系；对于分治类的应用问题，它类似于二叉树，处于树上的同级节点上的计算可并行执行，但向根节点逐级推进时，并行度将逐渐减小，此类问题可望达到 $p/\log p$ 的加速比；对于通信密集型的应用问题，它的加速比经验公式可以参考公式 $S = 1/C(p)$，其中，$C(p)$ 是 p 处理器的某一通信函数，或者为线性的或者为对数的。

（2）超线性加速比。严格的线性加速比对大多数应用问题来说是难以达到的，超线性加速比更是如此。但在某些算法或者程序中，可能会出现超线性加速比现象。比如，在某些并行搜索算法中，不同的处理器在不同的分支方向上同时搜索，当某一处理器找到了解，它就向其余的处理器发出中止搜索的信号，此时程序就会提前取消那些在串行算法中所做的无谓的搜索分支，从而出现超线性加速比现象。又比如，在大多数的并行计算系统中，每个处理器都有少量的高速缓存。当某一问题执行在大量的处理器上，而所需数据都放在高速缓存中时，由于数据的复用，总的计算时间趋于减少。如果这种高速缓存效应补偿了由于通信时间等造成的额外开销，就有可能出现超线性加速比现象。

（3）绝对加速比与相对加速比。加速比的含义对科学研究者和工程实用者而言可能有所不同。对于一个给定的问题，可能会有多个串行算法，它们的运行时间不会完全相同，这就带来了不同的加速比的定义。

科学研究者们使用绝对加速比的定义，即对于给定的问题，加速比等于最优串行算法所用的时间除以同一问题的并行算法所用的时间。因为最优串行算法也是通过实际运行测出来的。按照串行算法运行平台的不同，绝对加速比也可以分成两种：一种与具体的机器有关，即串行计算机采用与并行计算机一样的处理器；另一种与具体的机器无关，此时的串行算法运行时间是串行计算机上的最短执行时间。但有的时候，对一个特定的问题，它的最优串行算法是未知的，或者，它的串行算法所需要的运行时间太长，实际运行它是不太现实的。在这些情况下，经常用已知的最优串行算法来代替。

工程使用者常使用相对加速比的定义，即对于给定的问题，加速比等于同一个算法在单处理器上运行的时间除以在多处理器上的运行时间。显然，相对加速比的定义是比较宽松和实际的。

3.5　可扩展性评测标准

评价并行计算性能的指标，除了加速比以外，可扩展性(Scalability)也是主要性能指标之一。可扩展性是指在确定的应用背景下，计算机系统(或算法或程序设计等)的性能随着处理器数目的增加而成比例提高的能力。对于一个特定的并行系统、并行算法或并行程序，它们能有效地利用不断增加的处理器的能力是受限的，而度量这种能力的指标就是可扩展性。

讨论可扩展性时，讨论的对象都是并行系统，即使是讨论算法的可扩展性，实际也是指该算法针对某个特定并行计算机体系结构构成的并行系统的可扩展性；同样，讨论并行计算机体系结构的可扩展性时，实际上指的也是该体系结构的并行计算机与其上的某一个(或某一类)并行算法组成的并行系统的可扩展性。

讨论可扩展性的目的：

(1) 确定解决某类问题应采用何种并行算法与何种并行计算机体系结构的组合，以有效地利用大量的处理器。

(2) 对某种并行计算机体系结构上的某种算法，根据算法在小规模并行计算机上的运行性能预测在较大规模并行计算机上的运行性能。

(3) 对固定的问题规模，确定在某类并行计算机上最优的处理器数与可获得的最大加速比。

(4) 用于指导改进并行算法和并行计算机体系结构，以便并行算法尽可能地充分利用扩充的处理器。

并行系统的可扩展性评价指标主要有等效率指标、等速度指标和平均延迟指标。

等效率指标是在保持效率不变的前提下，研究问题规模 W 如何随着处理器数 p 的变化而变化；等速度指标是在保持平均速度不变的前提下，研究处理器数 p 增多应该相应地增加多少工作量 W；平均延迟指标是在效率 E(效率描述了处理器被有效利用的程度)不变的前提下，用平均延迟的比值来表示随着处理器数 p 的增加需要增加的工作量 W。

事实上，三种度量可扩展性的指标是彼此等价的。它们的基本出发点都是抓住了影响算法可扩展性的基本参数——额外开销 T_0。等效率指标是采用解析计算的方法得到 T_0；等速度指标是将 T_0 隐含在所测量的运行时间中；平均延迟指标则是保持效率为恒值，通过调节 W 与 p 来测量并行和串行运行时间，最终通过平均延迟反映 T_0。所以，等效率指标是通过解析计算 T_0 的方法来评价可扩展性，而等速度指标与平均延迟指标都是以测试手段得到有关的性能参数(如速度与时间等)来评价可扩展性。

3.6　并行算法设计

3.6.1　并行算法设计技术

从开发并行性的角度出发，涉及的并行算法设计技术是划分技术；从求解问题的策略出发，涉及的并行算法设计技术是分治技术；从充分利用时空特性出发，涉及的并行算法设计技术是流水线技术；从问题自身特性出发，涉及的并行算法设计技术有倍增技术、破对称技术和平衡树技术。

1. 划分技术

划分技术的基本出发点是有效利用空闲处理器，针对大问题提高求解速度。具体划分方法包括均匀划分、平方根划分、对数划分、功能划分等。

（1）均匀划分：n 个元素 $A_1, A_2, \cdots A_n$ 分成 p 组，第 i 组元素为 $A_{\frac{(i-1)n}{p}+1}, A_{\frac{(i-1)n}{p}+2}, \cdots, A_{\frac{in}{p}}$，$i=1, 2, \cdots, p$。

（2）平方根划分：n 个元素 $A_1, A_2, \cdots A_n$，第 i 组元素为 $A_{(i-1)\sqrt{n}+1}, A_{(i-1)\sqrt{n}+2}, \cdots, A_{\sqrt{n}}$，$i=1, 2, \cdots, \sqrt{n}$。

（3）对数划分：n 个元素 $A_1, A_2, \cdots A_n$，第 i 组元素为 $A_{(i-1)\log n+1}, A_{(i-1)\log n+2}, \cdots, A_{i\log n}$，$i=1, 2, \cdots, n/\log n$。

（4）功能划分：n 个元素 $A_1, A_2, \cdots A_n$ 分成等长的 p 组，每组满足某种特性。例如，(m, n) 选择问题（求出 n 个元素中前 m 个最小者），功能划分要求每组元素个数必须大于 m。

2. 分治技术

分治技术的思想是将原来的大问题分解成若干个特性相同的子问题来求解。若得到的子问题仍然偏大，可以反复使用分治技术直到子问题很容易求解为止。如果分解后的子问题和原来问题的类型相同，则很容易使用递归技术求解。

分治技术与划分技术的相同点是将大问题化为小问题。它们不同点如下：首先侧重点不同，划分是依据求解问题的需要或过程而进行的（如递归问题），分治是使求解问题简单、规范化而进行的；其次难点不同，划分的难点是划分点的确定，分治的难点是问题间的同步通信和结果的合并；最后子问题规模不同，划分是根据求解需要进行的，结果不一定等分，分治一般是以 $1/2$ 进行等分。

分治技术的步骤：先将大问题划分成若干个规模近似相等的子问题，然后同时（并行地）求解各个子问题，最后将各子问题的解归并成大问题的解。

3. 流水线技术

流水线技术是一种广泛应用在并行计算中的技术，其基本原理是时间重叠、空间并行，其思想是将算法划分成 p 个前后衔接的任务片段，每个任务片段的输出作为下一个任务片段的输入，所有任务片段按同样的速率输出结果。流水线技术常用于离散傅氏变换、卷积计算。

4. 倍增技术

倍增技术又称指针跳跃技术，适用于处理以链表或有向有根树之类表示的数据结构。每当递归调用时，处理的数据之间的距离将逐步加倍，经过 k 步后就可完成距离为 2^k 的所有数据的计算。

5. 破对称技术

破对称技术就是要打破某些问题的对称性，常用于图论和随机算法。

6. 平衡树技术

平衡树技术的设计思想是以树的叶节点为输入，中间节点为处理节点，由叶向根或由根向叶逐层进行并行处理。

3.6.2　并行算法设计方法

设计并行算法一般有串行算法直接并行化、根据问题固有属性设计全新并行算法和借用已有的并行算法求解新问题三种方法。需要注意的是，设计算法是很灵活的。上述三种方法只是为并行算法设计提供了三条可以尝试的思路，并不能涵盖全部。

1. 串行算法直接并行化

串行算法直接并行化是指开发现有串行算法中固有的并行性，直接将其并行化。

通过长期的研究与摸索，人们已经设计和积累了大量的串行算法。这些串行算法在解决实际问题中是十分有效的。在设计并行算法时，可充分利用这些串行算法。

许多并行编程语言都支持通过在原有的串行算法中加入并行原语（例如某些通信命令等）的方法将串行算法并行化。因此，在已有的串行算法的基础上，开发其并行性，直接将其并行化是并行算法设计中优先考虑的方法。

串行算法直接并行化时要注意下面两个问题：

（1）并非所有的串行算法都可以并行化。某些串行算法有内在的串行性，比如在某些串行算法中，每一步都要用到上一步的结果，只有当上一步完全结束后，下一步才能开始，这样，各步之间就不能并行。例如，模拟退火算法，每个温度下迭代的出发点是上一个温度下的结束点，这样各个温度的迭代无法并行计算。

（2）好的串行算法并行化后并不一定能得到优秀的并行算法，不好的串行算法并行化后也可能是优秀的并行算法。例如，串行算法中是没有冗余计算的，但是在并行算法中，使用适当的冗余计算也可能使并行算法效率更高。又如，枚举不是一种好的串行算法，但是将其直接并行化后可以得到比较好的并行算法。

串行算法直接并行化的关键在于分析原有串行算法中固有的并行性。直接并行化也不是机械的、完全直接的。有时为了分析串行算法的并行性，会对串行算法进行一些适当的改动。总之，要在保证并行算法正确的前提下，尽量提高算法的效率。

2. 根据问题固有属性设计全新并行算法

某些串行算法有内在的串行性，很难直接并行化。此时，可从问题本身出发，直接设计并行算法。

从问题本身的描述出发，根据问题的固有属性，设计一个全新的并行算法，这种方法有一定难度，但所设计的并行算法通常是高效的。

设计一个新的并行算法是一项具有挑战意义的创造性工作，往往比较困难。它要求算法设计者对问题本身有比较深刻的认识。

3. 借用已有的并行算法求解新问题（借用法）

"借用法"是指借用已知的某类问题的求解算法来求解另一类问题，而这两类问题表面上可能是完全不同的。因为这两类问题可能完全不同，所以初学者很难想到被借用的算法。使用借用法需要很高的技巧，算法设计者要有敏锐的观察力且在并行算法设计方面有丰富的经验。

使用借用法时，要注意观察问题的特征和算法的结构、形式，联想与本问题相似的已有算法。可以注意寻找要解决的问题与某些著名问题之间的相似性，或待求解问题的算法与某些著名算法之间的相似性。另外，"借来"的算法使用起来效率要高。成功地"借用"不是件容易的事。

参 考 文 献

[1] 陈国良. 并行计算：结构、算法、编程：修订版[M]. 北京：高等教育出版社，2003.
[2] 陈国良. 并行算法的设计与分析[M]. 3 版. 北京：高等教育出版社，2009.
[3] 刘其成，胡佳男，孙雪姣，等. 并行计算与程序设计[M]. 北京：中国铁道出版社，2014.

第 4 章
消息传递编程

MPI(Message Passing Interface)提供了一种基于消息传递的编程模型,用于编写在多个处理器上运行的程序。MPI 的目的是简化并行编程的过程,使开发者能够更加容易地编写并行程序,并提高程序的性能和可扩展性。本章首先简要介绍消息传递机制和 MPI 发展历史,其次详细描述 MPI 的基本概念,包括 MPI 的消息及数据类型匹配规则、MPI 的通信模式等,最后介绍 MPI 的编程实践,重点介绍阻塞通信编程和非阻塞通信编程。

4.1 消息传递

并行计算机按存储方式可以划分为共享内存并行计算机、分布式内存并行计算机以及分布式共享内存并行计算机(如图 4-1 所示)。

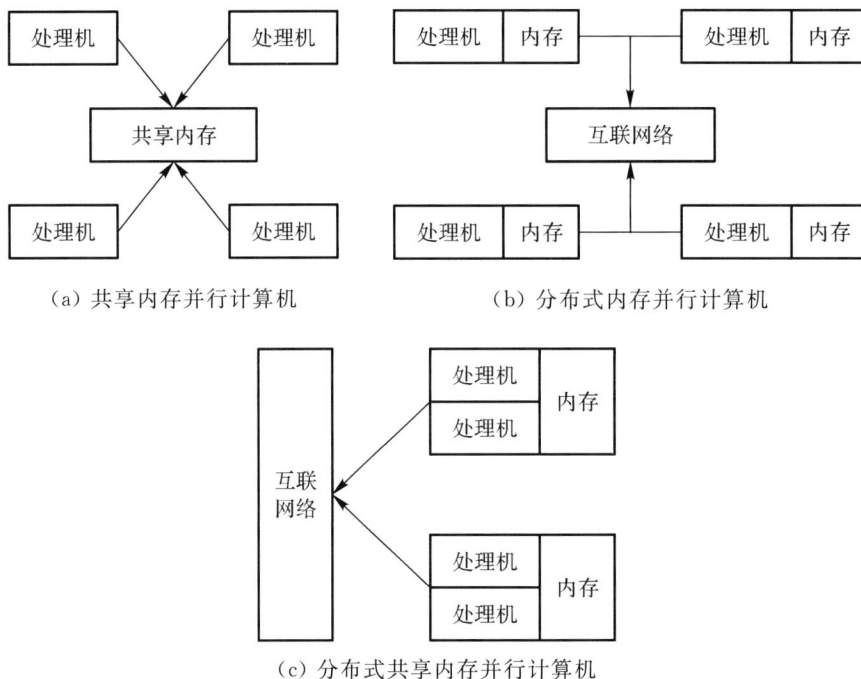

（a）共享内存并行计算机 　　　　　（b）分布式内存并行计算机

（c）分布式共享内存并行计算机

图 4-1　并行计算机按存储方式分类

分布式共享内存并行计算机是结合了共享内存并行计算机和分布式内存并行计算机优点的一种先进并行计算机。本章和下一章将分别介绍适用于分布式内存并行计算机和共享内存并行计算机的编程。

消息传递是一种应用广泛的并行化方法，通过在各个并行执行部件间传递消息来控制信息的流向与程序的执行。分布式内存并行计算机之间无法直接访问地址空间，因此需要借助消息传递，所以消息传递主要适用于分布式内存并行计算机，也适用于共享内存并行计算机。消息传递的基本概念十分简单：发送方发送消息，接收方接收消息。但是这一条简单的概念中存在许多问题，例如：发送方指的是哪一个，接收方又是哪一个，消息包含了什么等，因此需要有一个统一的标准或规范来解决这些问题。消息传递接口（Message Passing Interface，MPI）也正因此而诞生。

4.2　MPI 简介

MPI 是一种标准或规范化的消息传递接口，而不是一种具体实现。不同的制造商和组织按照这种标准接口推出各自不同的实现，不同的实现之间会有所不同。常见的 MPI 实现有 MPICH、CHIMP 以及 LAM。MPI 也可以说是一个库，而不是一门语言，它可以同 C/C++ 语言或者 FORTRAN 语言绑定，通过 C/C++ 或者 FORTRAN 来调用。建立这种标准接口的主要目的是实现程序的可移植性和易用性。简单来说，MPI 的目标是为了开发一种广泛使用的标准接口来编写消息传递程序，具体目标如下：

（1）设计应用程序编程接口；

（2）提供有效的通信，例如避免内存到内存的复制等；

（3）具体实现应能在异构环境中执行；

（4）接口应方便与 C/C++ 以及 FORTRAN 语言绑定；

（5）通信接口可靠，也就是说用户无须处理通信故障，这种故障将由底层通信子系统处理；

（6）定义的接口可在许多供应商平台上实现，底层通信和系统软件不需要进行太大的更改；

（7）接口应独立于语言；

（8）接口应保证线程安全。

综上所述，消息传递接口应该是实用的、可移植的、高效的以及灵活的。

1992 年 4 月 29 日到 30 日，在分布式存储环境中消息传递标准研讨会上，大家讨论了一个标准消息传递接口应具有的功能，并组建了一个工作小组进行标准消息传递接口的建立。MPI-1 的初步提案于 1992 年 11 月提出，1994 年 5 月，第一版本 MPI-1 正式发布。但是 MPI-1 主要侧重于点对点通信，并不完善，也没有达到预期的目标，因此在 1995 年 3 月开始，人们对 MPI-1 进行了更正和扩展，于 1997 年 7 月份，推出了 MPI-2。为了进一步扩充功能以及对之前工作进行更正和勘误，人们之后又陆续推出了新的版本，MPI 的官方文档版本及推出时间见表 4-1。

表 4 - 1 MPI 官方文档版本历史

时　间	版　本
1994 年 5 月	Version 1.0
1995 年 6 月	Version 1.1
1997 年 7 月	Version 1.2
1997 年 7 月	Version 2.0
2008 年 5 月	Version 1.3
2008 年 6 月	Version 2.1
2009 年 9 月	Version 2.2
2012 年 9 月	Version 3.0
2015 年 6 月	Version 3.1
2021 年 6 月	Version 4.0

4.3　MPI 的基本概念

4.3.1　MPI 消息

MPI 消息由两部分组成：消息数据和消息信封。消息数据是指所要传递的内容，消息信封用来区分消息。下面分别介绍这两部分内容。

1. 消息数据

消息数据包含三个部分：初始地址、数据数量以及数据类型。其中数据数量可以为 0，在这种情况下消息数据就是空的；数据类型可以与所绑定语言的数据类型相对应，表 4 - 2 显示了 MPI 与 C/C++语言相对应的数据类型。

表 4 - 2　MPI 与 C/C++语言数据类型的对应关系

MPI 数据类型	C/C++语言数据类型
MPI_CHAR	char
MPI_SHORT	signed short int
MPI_INT	signed int
MPI_LONG	signed long int
MPI_LONG_LONG_INT	signed long long int
MPI_LONG_LONG	signed long long int
MPI_SIGNED_CHAR	signed char
MPI_UNSIGNED_CHAR	unsigned char
MPI_ UNSIGNED_SHORT	unsigned short int
MPI_ UNSIGNED	unsigned int

MPI 数据类型	C/C++语言数据类型
MPI_UNSIGNED_LONG	unsigned long int
MPI_UNSIGNED_LONG_LONG	unsigned long long int
MPI_FLOAT	float
MPI_DOUBLE	double
MPI_LONG_DOUBLE	long double
MPI_WCHAR	wchar_t
MPI_C_BOOL	_bool
MPI_INT8_T	int8_t
MPI_INT16_T	int16_t
MPI_INT32_T	int32_t
MPI_INT64_T	int64_t
MPI_UINT8_T	uint8_t
MPI_UINT16_T	uint16_t
MPI_UINT32_T	uint32_t
MPI_UINT64_T	uint64_t
MPI_C_COMPLEX	float _Complex
MPI_C_FLOAT_COMPLEX	float _Complex
MPI_C_DOUBLE_COMPLEX	double _Complex
MPI_C_LONG_DOUBLE_COMPLEX	long double _Complex
MPI_BYTE	无
MPI_PACKED	无
MPI_CXX_BOOL	bool
MPI_CXX_FLOAT_COMPLEX	std:complex<float>
MPI_CXX_DOUBLE_COMPLEX	std:complex<double>
MPI_CXX_LONG_DOUBLE_COMPLEX	std:complex<long double>

2. 消息信封

消息信封包含四个部分：起始地、目的地、标签以及通信域。其中起始地由消息发送方的标志隐式决定，其他三个部分由发送操作中的参数决定。基本的发送操作（MPI_Send）有六个参数，格式如下：

MPI_Send(buf，count，datatype，dest，tag，comm)

其中 buf、count、datatype 是消息数据包含的部分，dest、tag、comm 分别对应消息信封包含的后三个部分。dest 参数决定目的地；tag 参数决定标签，用来区分不同类型的消息，可以通过 MPI_TAG_UB 来查询 tag 参数可以赋予的最大值；comm 参数决定通信域。

通信器由两部分组成：通信上下文以及共享通信上下文的进程组。通信上下文用来指定通信范围。信息传递须在指定的通信范围中进行，不同通信范围中的信息传递互不影响，因此利用通信上下文能够区分不同的信息传递。共享通信上下文的进程组是有序排列的，能够通过进程在进程组中排列的标号来识别不同的进程。

4.3.2　MPI 数据类型匹配规则

消息传递由三个步骤完成：
(1) 发送方将数据从发送缓冲区(缓冲区也称缓存)发出并包装成消息。
(2) 消息从发送方传递到接收方。
(3) 接收方从接收到的消息中提取数据并将其放入接收缓冲区中。
消息传递的过程如图 4 - 2 所示。

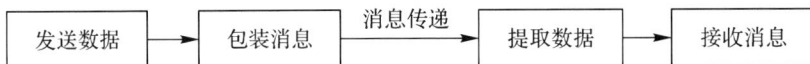

发送数据 → 包装消息 — 消息传递 → 提取数据 → 接收消息

图 4 - 2　消息传递过程

上述三个步骤中，数据类型须匹配，即发送缓冲区的数据类型必须与发送操作指定的类型相同；消息传递过程中，发送和接收操作指定的数据类型必须相同；接收缓冲区的数据类型必须与接收操作指定的数据类型相同。如果以上数据类型中任一个不匹配，程序就会出错。数据类型匹配可归结为所绑定语言的数据类型与发送、接收操作指定的数据类型匹配，以及发送和接收方数据类型匹配。

MPI 数据类型匹配可以总结为三条规则：
(1) 对于包含数据类型的通信，发送方与接收方数据类型应完全相同。
(2) 对于不包含数据类型的通信，发送方与接收方都使用 MPI_BYTE 数据类型。
(3) 对于涉及打包数据的通信，发送方与接收方都使用 MPI_PACK 数据类型。

MPI 数据类型匹配使得 MPI 通信不需要数据类型转换，但是在异构环境中数据的传递通常需要进行数据类型的转换，而 MPI 的目标之一是支持异构环境的并行计算，因此 MPI 也支持数据类型的转换。

4.4　MPI 的通信模式

4.4.1　点对点通信

点对点通信指两个进程之间的通信，即源进程发送消息到目标进程。通信发生在一个通信器(Communicator)内，并且进程可以通过其在通信器内的标号标识。点对点通信是 MPI 的最基本通信方式，点对点通信又可分为阻塞点对点通信和非阻塞点对点通信。

1. 阻塞点对点通信

阻塞点对点通信需要等待通信操作全部完成才可以返回。按发送方式和接收方式的不同，阻塞点对点通信可以细分为四类：标准通信模式、缓存通信模式、同步通信模式以及就绪通信模式。

标准通信模式下，发送操作不管接收操作是否启动都可以启动。发送操作返回的条件由 MPI 是否使用缓存发送信息而定。如果 MPI 使用缓存进行消息传递，那么发送操作可以在相应的接收操作启动前返回；如果 MPI 不使用缓存发送消息，那么需要等到数据被存放到接收缓冲区后，发送操作才能返回。标准通信模式如图 4-3 所示。

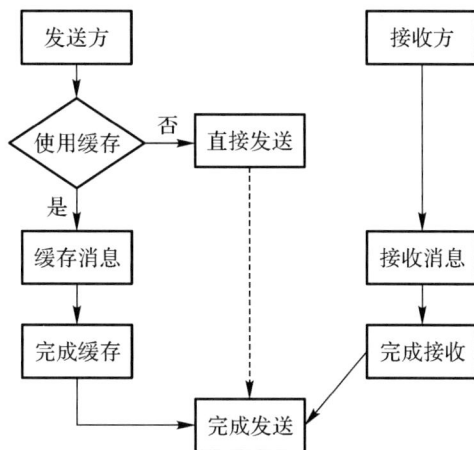

图 4-3　标准通信模式

8缓存通信模式下，发送操作不管接收操作是否启动都可以启动。在该通信模式下，用户直接对发送缓冲区进行申请、使用、释放。在发送消息前，缓冲区必须有足够的空间可用，否则发送失败。完成缓存后，并不意味着申请的发送缓冲区可自由使用，须等消息发送出去方可使用。该通信模式下，发送操作在数据存入发送缓冲区后可以立即返回，如图 4-4 所示。

图 4-4　缓存通信模式

同步通信模式下，发送操作不依赖接收操作是否已经启动，但是只有相应的接收操作启动时，发送操作才算完成并返回。因此，同步通信模式下，完成发送不仅表示发送缓冲区可以被复用，也意味着接收操作已经开始接收消息。同步通信模式过程如图 4-5 所示。

图 4 - 5   同步通信模式

就绪通信模式下，发送操作必须等相应的接收操作启动后才可以启动。若发送操作启动而相应的接收操作没有启动，发送操作将出错。发送操作的完成不依赖相应的接收操作状态，只意味着发送缓冲区可以被复用。因此，该通信模式可以减少消息发送的时间开销，从而获得更好的计算性能。就绪通信模式如图 4 - 6 所示。

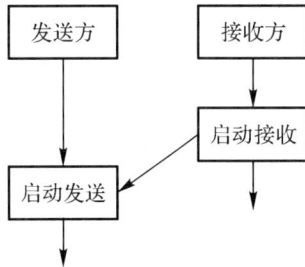

图 4 - 6   就绪通信模式

四种通信模式下，消息的发送函数通过不同的前缀来区分：标准通信模式下消息的发送函数为 MPI_Send；缓存通信模式下，消息的发送函数使用字母 B 作前缀，即 MPI_Bsend；同步通信模式下，消息的发送函数使用字母 S 作前缀，即 MPI_Ssend；就绪通信模式下，消息的发送函数使用字母 R 作前缀，即 MPI_Rsend。四种通信模式下，消息的接收函数都是 MPI_Recv。

2. 非阻塞点对点通信

由于通信所需要的时间较长，阻塞点对点通信在未完成的时候，处理器处于空闲等待状态，因而浪费了资源。重叠计算和通信能够有效利用处理器资源，提高系统的性能。因此通常使用非阻塞点对点通信代替阻塞点对点通信。非阻塞点对点通信通过重叠计算和通信来提高资源的利用率，进而提高系统的性能。非阻塞点对点通信启动发送操作后，并不能马上完成发送操作。发送操作在将消息复制到发送缓冲区之前可以返回，这时数据的传输与计算可以同时进行。发送操作采用单独的发送完成调用函数来完成。同样，非阻塞点对点通信启动接收操作，但并不能马上完成接收操作。接收操作在消息复制到接收缓冲区前可以返回，但需要单独的接收完成调用函数来完成消息接收操作。非阻塞点对点通信的发送与接收过程如图 4 - 7 所示。

图 4-7 非阻塞点对点通信

　　非阻塞点对点通信使用 request 参数来标识发送、接收操作的各种属性。MPI 提供了 MPI_Wait 和 MPI_Test 函数来完成非阻塞点对点通信。MPI_Wait 中的关键参数 request 对应的发送、接收操作完成时才返回，同时有关信息放在参数 status 中。MPI_Test 中的关键参数也是 request，与 MPI_Wait 不同的是，MPI-Test 中的 request 对应的发送、接收操作没有完成时，系统也能调用 MPI_Test 函数，但此时完成标志 flag＝false，如果发送、接收正常完成之后调用 MPI_Test，那么完成标志 flag＝true。MPI 还提供 MPI_Waitany、MPI_Waitall、MPI_Waitsome 以及 MPI_Testany、MPI_Testall、MPI_Testsome 函数来测试多个非阻塞点对点通信是否完成。通过 MPI_Probe 系列函数可以检查传递的消息而不接收消息。调用 MPI_Cancel 函数可以取消非阻塞点对点通信来释放资源。

4.4.2　集合通信

　　集合通信指一组或者多组进程之间的通信。

　　集合通信的关键参数之一是通信域。通信域的选择决定了参与的进程以及集合通信的通信上下文。一些集合通信中只有单个发送进程或者接收进程，这样的进程称为根（Root）进程，如图 4-8 所示。有些调用的函数参数会被指定为"仅在根进程上有效"。

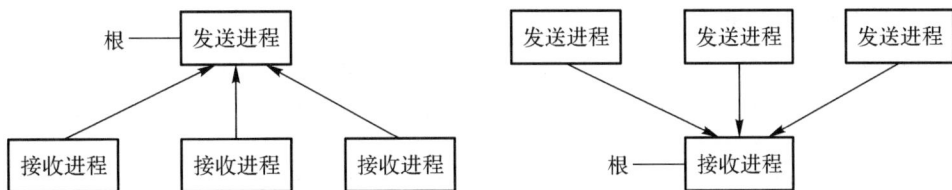

图 4-8　一对多通信和多对一通信

　　集合通信可以分为以下四种：多对多通信、多对一通信、一对多通信以及其他通信。

　　多对多通信：所有进程都对结果有影响，所有进程都会收到结果。

　　多对一通信：所有进程都对结果有影响，只有一个进程收到结果。

　　一对多通信：一个进程对结果有影响，所有进程都会收到结果。

其他通信：不符合上述类别的通信。

一对多通信和多对一通信如图 4-8 所示，多对多通信如图 4-9 所示。

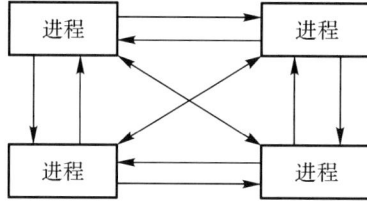

图 4-9 多对多通信

常见的集合通信有广播、收集、分发、组收集、全互换、同步、归约、组归约、归约并散发以及扫描等集合操作。

集合通信同样可以进行非阻塞通信（这样的通信称为非阻塞集合通信），以提高系统性能。类似于非阻塞点对点通信，非阻塞集合通信启动集合操作时，必须采用单独的完成调用函数来完成，且所有调用都是立刻返回，而不管其他进程的状态。当调用启动集合操作时，意味着系统可能开始进行数据传输，并将数据从发送缓冲区复制到接收缓冲区中。非阻塞集合通信可采用非阻塞点对点通信的完成调用函数（例如 MPI_Wait 等）。与非阻塞点对点通信不同的是，非阻塞集合通信与阻塞集合通信不相匹配，并且集合操作没有 tag 参数，因此所有进程必须按照相同的顺序调用集合操作，特别是在进程调用集合操作之后，同一通信域中的所有其他进程必须调用相同的集合操作。

4.5 MPI 编程实践

4.5.1 MPI 阻塞通信编程

在 MPI 中，根据通信原语在实现上的区别，异步通信可以分为：阻塞异步通信和非阻塞异步通信。阻塞异步通信有一个特点就是在通信完成之后，才允许进程继续执行下一条语句。

下面将在阻塞异步通信基础上，介绍 MPI 中的编程方法。

1. 编写 Hello World 程序

这里将通过一个基础的 Hello World 程序介绍该如何运行 MPI 程序，如何初始化 MPI，以及如何让 MPI 在几个不同的进程上运行。代码清单 4-1 示出了 hello_world_mpi.c程序的内容。

```
代码清单 4-1
    # include <stdio.h>
    # include <mpi.h>
    int main(int argc, char **argv)
    {
        MPI_Init(NULL, NULL);
```

```
    int world_size；
    MPI_Comm_size(MPI_COMM_WORLD，&world_size)；
        int world_rank；
    MPI_Comm_rank(MPI_COMM_WORLD，&world_rank)；
    char processor_name[MPI_MAX_PROCESSOR_NAME]；
    int name_len；
    MPI_Get_processor_name(processor_name，&name_len)；
    printf("Hello world from processor %s, rank %d out of %d processors\n"，\
        processor_name, world_rank, world_size)；
    MPI_Finalize()；
}
```

MPI 程序的第一步是要引入♯include <mpi.h>这个头文件，之后使用以下代码来进行初始化：

MPI_Init(int* argc, char*** argv)；

MPI 初始化的过程中，会创建所有的 MPI 全局变量和内部变量。例如，根据运行 MPI 时参数指定的进程创建通信器，且给每一个进程都分配唯一的秩。代码清单 4-1 所示程序并没有使用到 MPI_Init 的两个参数。

在初始化之后，程序调用了 MPI_Comm_size 和 MPI_ Comm _rank 两个函数。这两个函数几乎在每一个 MPI 程序中都会用到。MPI_ Comm _size(MPI_Comm communicator，int* size)会返回通信器的大小，即通信器中进程的数量。在代码清单 4-1 所示程序中，MPI 初始化时会自动创建 MPI_COMM_WORLD 这个变量，该变量包含了当前 MPI 任务中所有的进程，因此调用 MPI_Comm_size(CMPI_WORLD &world_sice)会返回所有可用的进程数量。MPI_ Comm _rank(MPI_Comm communicator，int* rank)会返回通信器中当前进程的秩。通信器中每个进程会得到一个从 0 开始递增的数字作为秩。

调用 MPI_Get_processor_name(char* name，int* name_length)函数会得到当前进程所运行的处理器的名称。程序最后调用了 MPI_Finalize 来清理 MPI 环境。

可以用以下命令来编译和运行 hello_world_mpi.c 程序：

```
$ mpicc hello_world_mpi.c-o hello_word
$ mpirun-np 4-hostfile /your/path/to/host_file hello_world
```

其中，参数 -np 表示进程数。如果是在单机或者笔记本电脑上运行，可以忽略 -f/your/path/to/host_file 这部分命令，但如果在拥有多个节点的集群系统上运行 MPI 程序，就需要额外配置一个 host 文件(该文件应包含想要运行的所有节点的名称)，并通过 -hostfile 指定 host 节点列表。为了运行方便，需要确认所有的节点之间是否可以进行 SSH (Secure Shell) 通信。此例的 host 文件如下：

```
$ cat host_file
compute-0-8
compute-0-9
compute-0-10
compute-0-11
```

程序运行结果为

        Hello world from processor compute-0-10. local，rank 2 out of 4 processors

        Hello world from processor compute-0-11. local，rank 3 out of 4 processors

        Hello world from processor compute-0-9. local，rank 1 out of 4 processors

        Hello world from processor compute-0-8. local，rank 0 out of 4 processors

    由结果可知，MPI 程序在提供的所有节点上运行了，并且每一个进程都被分配了唯一的秩。在输出结果的时候，进程间的显示是随机的，因为程序中没有设计同步的操作。

    如果想要在每个节点上都运行多个进程，可以通过修改 host 文件实现，即在每一个节点后面加冒号和每个节点处理的进程数就可以了。比如 compute-0-8：2，表示在这个节点上运行两个进程。

    2. 编写发送与接收函数

    假设 A 进程决定发送消息给 B 进程，A 进程会把需要发送给 B 进程的消息打包好，并放在一个发送缓冲区中，然后通信设备（通常是网络）会把消息传递到正确的位置，这个位置一般由指定的秩决定。

    当消息被送到了进程 B，进程 B 就需要确认是否接收 A 进程的消息，一旦 B 进程确定接收，消息就被传递成功。A 进程会收到消息传递成功的信息，然后去做其他任务。

    有时候 A 进程会传递很多不同的消息给 B 进程，为了让 B 进程能够比较方便地区分不同的消息，MPI 会额外指定一些信息标签。当 B 进程只接收某种特定的消息时，其他的不是这个标签的信息会被缓存起来，等到 B 进程需要的时候才会传递给 B 进程。

    MPI 发送和接收函数的原型代码如下：

```
MPI_Send(void* data,
    int count,
    MPI_Datatype datatype,
    int destination,
    int tag,
    MPI_Comm communicator)
MPI_Recv(void* data,
    int count,
    MPI_Datatype datatype,
    int source,
    int tag,
    MPI_Comm communicator,
    MPI_Status* status)
```

其中，发送和接收函数中，第一个参数表示数据缓存地址，第二个和第三个参数分别描述了数据的数量和类型。MPI_Send 会发送 count 参数指定数量的数据，MPI_Recv 最多接收 count 参数指定数量的数据。第四个和第五个参数指定了发送进程/接收进程的秩以及消息的标签。第六个参数指定了使用的通信器。MPI_Recv 函数特有的参数 status 表示接收到的信息的状态。

    一个简单的发送/接收程序如代码清单 4 - 2 所示。其中，MPI_Comm_size 和 MPI_Comm_rank 函数用来在开始时得到整个通信器的大小（即所有进程的数量）以及当前进程的秩；if 语句中，如果当前是进程 0，那么将初始化数字-1 发送给进程 1，进程 1 执行 MPI _Recv 函数来接收数字-1。每个进程用 0 作为消息标签来指定消息。因为在这个例子中只有一种类型的数据被发送或者不需要匹配标签，所以可以使用预先定义好的常量 MPI_ ANY_TAG 作为标签。

代码清单 4 - 2

```
int world_rank;
MPI_Comm_rank(MPI_COMM_WORLD, &world_rank);
int world_size;
MPI_Comm_size(MPI_COMM_WORLD, &world_size);
int number;
if (world_rank == 0) {
    number = -1;
    MPI_Send(&number, 1, MPI_INT, 1, 0, MPI_COMM_WORLD);
} else if (world_rank == 1) {
    MPI_Recv(&number, 1, MPI_INT, 0, MPI-ANY-TAG, \
    MPI_COMM_WORLD, MPI_STATUS_IGNORE);
    printf("Process 1 received number %d from process 0.\n", number);
}
```

编译并运行代码清单 4 - 2 的程序，可以得到

Process 1 received number -1 from process 0.

即进程 1 接收到了从进程 0 发送来的-1。

接下来我们通过进程间通信，完成一个乒乓球比赛程序。两个进程会通过 MPI_Send 和 MPI_Recv 函数来"推挡"消息，直到比赛结束。主要代码参考代码清单 4 - 3。

代码清单 4 - 3

```
const int PING_PONG_LIMIT = 10;
int ping_pong_count = 0;
int partner_rank = (world_rank + 1) % 2;
while (ping_pong_count < PING_PONG_LIMIT) {
    if (world_rank == ping_pong_count % 2) {
        ping_pong_count++;
        MPI_Send(&ping_pong_count, 1, MPI_INT, partner_rank, 0, \
        MPI_COMM_WORLD);
        printf("%d sent and incremented ping_pong_count %d to %d\n", \
        world_rank, ping_pong_count, partner_rank);
    } else {
        MPI_Recv(&ping_pong_count, 1, MPI_INT, partner_rank, 0, \
        MPI_COMM_WORLD, MPI_STATUS_IGNORE);
        printf("%d received ping_pong_count %d from %d\n", world_rank, ping_pong_count, \
         partner_rank);
    }
}
```

代码清单 4 - 3 的程序和乒乓球比赛一样，专为两个进程设计。这两个进程一开始会根据求余算法来确定各自的对手。ping_pong_count 初始化为 0，然后每次发送消息之后会递增 1。随着 ping_pong_count 的递增，两个进程会轮流成为发送进程和接收进程。当 ping_pong_count 达到设定的阈值（这里是 10）后，进程就停止发送和接收。程序的输出结果如下：

```
0 sent and incremented ping_pong_count 1 to 1
1 received ping_pong_count 1 from 0
1 sent and incremented ping_pong_count 2 to 0
1 received ping_pong_count 3 from 0
1 sent and incremented ping_pong_count 4 to 0
1 received ping_pong_count 5 from 0
1 sent and incremented ping_pong_count 6 to 0
0 received ping_pong_count 2 from 1
0 sent and incremented ping_pong_count 3 to 1
0 received ping_pong_count 4 from 1
0 sent and incremented ping_pong_count 5 to 1
0 received ping_pong_count 6 from 1
0 sent and incremented ping_pong_count 7 to 1
0 received ping_pong_count 8 from 1
0 sent and incremented ping_pong_count 9 to 1
0 received ping_pong_count 10 from 1
1 received ping_pong_count 7 from 0
1 sent and incremented ping_pong_count 8 to 0
1 received ping_pong_count 9 from 0
1 sent and incremented ping_pong_count 10 to 0
```

3. 使用 MPI_Probe 和 MPI_Status 动态接收消息

上面，我们介绍了怎样利用 MPI_Send 和 MPI_Recv 进行标准的点对点通信，并且只介绍了如何发送长度已知的消息。下面，我们将讨论 MPI 所支持的动态信息操作。

如代码清单 4 - 3 所示，MPI_Recv 函数中将 MPI_Status 参数设置为 MPI_STATUS_IGNORE，意为不需要接收更多的信息。如果将 MPI_Status 传递给 MPI_Recv 函数，系统将在完成接收后补充有关接收操作的其他信息，最主要的三个信息如下：

（1）发送进程的秩。发送进程的秩保存在 MPI_Status 的 MPI_SOURCE 元素中。如果声明了 MPI_Status status 变量，可以直接通过 status. MPI_SOURCE 来访问。

（2）消息的标签。与 MPI_SOURCE 类似，消息的标签可以通过 status. MPI_TAG 来访问。

（3）消息的长度。消息的长度在 MPI_Status 结构中没有预定义元素，但是可以借助 MPI_Get_count 来获取 MPI_Status 结构和消息的数据类型，消息长度保存在 count 中，即

MPI_Get_count（MPI_Status* status，MPI_Datatype datatype，int* count）

MPI_Recv 可以获得以 MPI_ANY_SOURCE 作为发送进程的秩和以 MPI_ANY_TAG 作为消息的标签。对于这种情况，获取 MPI_Status 结构是查找消息实际发送进程和标签

的唯一方法。此外，MPI_Recv 不保证能够接收发送函数调用参数的全部元素，相反，它只接收已发送给它的元素数量，如果发送的元素数量超过所需要的元素数量，则返回一个错误。MPI_Get_count 函数用于确定实际所需的元素数量。

代码清单 4-4 示出了一个进程向接收进程发送一组随机数量的数字，然后接收进程给出接收了多少个数字。

代码清单 4-4

```
const int MAX_NUMBERS = 50;
int numbers[MAX_NUMBERS];
int number_amount;
if (world_rank == 0)
{
    srand(time(NULL));
    number_amount = (rand() / (float)RAND_MAX) * MAX_NUMBERS;
    MPI_Send(numbers, number_amount, MPI_INT, 1, 0, MPI_COMM_WORLD);
    printf("0 sent %d numbers to 1\n", number_amount);
}
else if (world_rank == 1)
{
    MPI_Status status;
    MPI_Recv(numbers, MAX_NUMBERS, MPI_INT, 0, 0, MPI_COMM_WORLD, \
            &status);
    MPI_Get_count(&status, MPI_INT, &number_amount);
    printf("1 received %d numbers from 0. Message source = %d, tag = %d\n", \
        number_amount, status.MPI_SOURCE, status.MPI_TAG);
}
```

如代码清单 4-4 所示，进程 0 随机产生一定数量的数字发送给进程 1，总数在 50 以内。进程 1 调用 MPI_Get_count，得到实际接收的数字个数。程序运行结果还给出了 MPI_Status 结构的 MPI_SOURCE 和 MPI_TAG 元素。代码运行结果如下：

> 0 sent 92 numbers to 1
>
> 1 received 92 numbers from 0. Message source = 0, tag = 0

最后需要说明的是，MPI_Get_count 的返回值和被发送的数据类型相关。如果用户使用 MPI_CHAR 作为发送的数据类型，那么返回值应该是 4(因为 char 类型占一个字节，int 类型占 4 个字节)。

现在我们已经理解了 MPI_Status 的工作原理，接着就可以使用 MPI_Probe 函数在实际接收前查询消息的大小，即

MPI_Probe(int source, int tag, MPI_Comm com, MPI_Status* status)

实际上可以将 MPI_Probe 看作执行除接收消息以外的所有 MPI_Recv 操作。与 MPI_Recv 类似，它会阻塞具有匹配标志和发送进程的消息，当消息可用时，系统才会接收消息。代码清单 4-5 给出了一个使用 MPI_Probe 的实例。

代码清单 4-5

```
int number_amount;
if (world_rank == 0)
{
    const int MAX_NUMBERS = 100;
    int numbers[MAX_NUMBERS];
    srand(time(NULL));
    number_amount = (rand() / (float)RAND_MAX) * MAX_NUMBERS;
    MPI_Send(numbers, number_amount, MPI_INT, 1, 0, MPI_COMM_WORLD);
    printf("0 sent %d numbers to 1\n", number_amount);
}
else if (world_rank == 1)
{
    MPI_Status status;
    MPI_Probe(0, 0, MPI_COMM_WORLD, &status);
    MPI_Get_count(&status, MPI_INT, &number_amount);
    int* number_buf = (int*)malloc(sizeof(int) * number_amount);
    MPI_Recv(number_buf, number_amount, MPI_INT, 0, 0, \
    MPI_COMM_WORLD, MPI_STATUS_IGNORE);
    printf("1 dynamically received %d numbers from 0.\n", number_amount);
            free(number_buf);
}
```

代码清单 4-5 与代码清单 4-4 类似,其中进程 0 选择随机数量的数字发送到进程 1。不同之处在于,代码清单 4-5 中进程 1 调用 MPI_Probe 以查找进程 0 尝试发送的数据数量(使用 MPI_Get_count),然后,分配适当大小的缓冲区来接收数字。代码运行的结果如下:

    0 sent 93 numbers to 1

    1 dynamically received 93 numbers from 0

MPI_Probe 函数构成了许多动态 MPI 应用程序的基础。例如,在交换可变大小的消息时,主/从程序通常会大量使用 MPI_Probe。

4. 随机游走问题的并行化

这里,首先给出随机游走问题的定义,即给定一个最大点(Max)、最小点(Min)和随机游走 Walker,Walker 用 S 个随机步数和随机步长向右端前进,如果超出最大点,它就会返回开始的最小点。

由于随机游走问题的并行化可以模拟各种并行应用程序的行为,所以这里主要介绍随机游走问题的并行化。

随机游走问题的并行化的第一个任务与其他并行程序类似,即为划分任务。随机游走问题具有大小为 Max-Min+1 的域(因为 Max 和 Min 之间包含 Walker)。假设 Walker 只采用整数步长,那么可以将总域划分为跨进程的相似大小的子域。例如,如果 Min 为 0,

Max 为 20 且有 4 个进程，则域可以按图 4-10 那样划分。

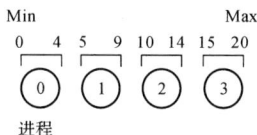

图 4-10　随机游走问题的域划分

进程 0、1、2 分别拥有 5 个域单元，而进程 3 占 6 个域单元。域被划分之后，程序便要初始化 Walker。如前所述，Walker 将以随机步长走 S 步。例如，如果 Walker 想在进程 0 上用大小为 6 的步长，则 Walker 的执行状况如下：

(1) Walker 开始采取渐进方式游走。当它到达域单元 4 的时候，它已经到达进程 0 的边界。进程 0 需要将它传递给进程 1。

(2) 进程 1 接收到 Walker，并继续走下去直到总步长为 6。此时 Walker 可以开始新的随机游走。

在这个示例中，Walker 只需要从进程 0 游走到进程 1，系统进行一次通信。但是，如果 Walker 必须走更长的路，那么它可能通过更多进程。

在使用 MPI_Send 和 MPI_Recv 对随机游走问题进行编程前，需要建立一些程序的初步特征和功能：

(1) 每一个进程只负责它所占的域单元。

(2) 每一个进程都将初始化 N 个 Walker，所有的 Walker 都从进程的第一个域单元开始。

(3) 每个 Walker 都有两个相关的整数值，即 Walker 现在所处的位置和剩余的步数。

(4) Walker 开始穿过域单元并被传递到其他进程，直到 Walker 完成任务。

(5) 当所有 Walker 都完成任务时，随机游走才结束。

实现域划分的函数为 decomposition_domain。调用该函数将获取总域大小，并根据 MPI 过程找到合适的子域大小，且将总域的剩余部分分配给最后一个子域。程序还使用 MPI_Abort 来查找发生的错误，并在之后初始化 Walker，其结构如下：

```
typedef struct{
    int location;
    int num_steps_left_in_walk;
}Walker;
```

程序初始化如代码清单 4-6 所示。

代码清单 4-6

```
// domain_size：Max－Min＋1
// world_rank：进程编号
// world_size：进程个数
// subdomain_start：每个进程对应子域的开始地址
// subdomain：每个进程对应子域的大小
void decompose_domain(int domain_size, int world_rank,
int world_size, int* subdomain_start,
int* subdomain_size) {
```

```
    if (world_size > domain_size) {
        MPI_Abort(MPI_COMM_WORLD, 1);
    }
    *subdomain_start = domain_size / world_size * world_rank;
    *subdomain_size = domain_size / world_size;
    if (world_rank == world_size-1) {
        *subdomain_size += domain_size % world_size;
    }
}
// num_walkers_per_proc：每个进程中的 Walker 个数
// max_walk_size：和随机数配合，随机产生需要走的步数
void initialize_walkers(int num_walkers_per_proc, int max_walk_size, \
    int subdomain_start, \
vector<Walker>* incoming_walkers) {
    Walker；
    for (int i = 0; i < num_walkers_per_proc; i++) {
        Walker. location = subdomain_start;
        walker. num_steps_left_in_walk =
        (rand() / (float)RAND_MAX) * max_walk_size;
        incoming_walkers->push_back(Walker);
    }
}
```

程序在初始化 Walker 之后，就需要让 Walker 前进。调用 walk 函数可让 Walker 完成全部任务，如果 Walker 超出子域边界，则将 Walker 添加到 outgoing_walker 向量中，如代码清单 4 - 7 所示。

代码清单 4 - 7

```
void walk(Walker* walker, int subdomain_start, int subdomain_size, \
    int domain_size, vector<Walker>* outgoing_walkers) {
    while (walker->num_steps_left_in_walk > 0) {
        if (walker->location == subdomain_start + subdomain_size) {
            if (walker->location == domain_size) {
                walker->location = 0;
            }
            outgoing_walkers->push_back(*walker);
            break;
        } else {
            walker->num_steps_left_in_walk -;
            walker->location++;
        }
    }
}
```

接着需要定义两个函数：一个发送 outgoing_walker 的函数和一个接收 incoming_walker 的函数，参考代码清单 4-8。

代码清单 4-8

```
void send_outgoing_walkers(vector<Walker>* outgoing_walkers,
int world_rank, int world_size)
{
    MPI_Send((void*)outgoing_walkers->data(),
    outgoing_walkers->size()* sizeof(Walker), MPI_BYTE,
    (world_rank + 1) % world_size, 0, MPI_COMM_WORLD);
    outgoing_walkers->clear();
}
void receive_incoming_walkers(vector<Walker>* incoming_walkers,
int world_rank, int world_size)
{
    MPI_Status status;
    int incoming_rank =
    (world_rank == 0) ? world_size - 1 : world_rank - 1;
    MPI_Probe(incoming_rank, 0, MPI_COMM_WORLD, &status);
    int incoming_walkers_size;
    MPI_Get_count(&status, MPI_BYTE, &incoming_walkers_size);
    incoming_walkers->resize(incoming_walkers_size / sizeof(Walker));
    MPI_Recv((void*)incoming_walkers->data(), incoming_walkers_size,
    MPI_BYTE, incoming_rank, 0, MPI_COMM_WORLD,
    MPI_STATUS_IGNORE);
}
```

上述接收函数中调用了 MPI_Probe 函数，因为不知道要接收多少 Walker。至此，我们已经完成了随机游走问题的主要功能，具体步骤如下：

(1) 初始化 Walker。

(2) 调用 walk 函数。

(3) 将超出子域边界的 Walker 放入 outgoing_walkers 向量中。

(4) 接收新的 Walker，并将其放入 incoming_walkers 中。

(5) 重复步骤(3)和(4)，直到所有 Walker 完成任务。

实现上述步骤的程序如代码清单 4-9 所示。该程序看上去一切很正常，但是这样的函数调用顺序会引起一个问题——死锁。这段代码中存在 MPI_Send 调用的循环链，因为图 4-11 中进程 0、1、2、3 都有可能同时等待 MPI_Send 的消息。

代码清单 4-9

```
decompose_domain(domain_size, world_rank, world_size,
        &subdomain_start, &subdomain_size);
```

```
initialize_walkers(num_walkers_per_proc, max_walk_size, \
        subdomain_start, subdomain_size, &incoming_walkers);
while (! all_walkers_finished) {
    for (int i = 0; i < incoming_walkers.size(); i++) {
            walk(&incoming_walkers[i], subdomain_start, subdomain_size, \
            domain_size, &outgoing_walkers);
        send_outgoing_walkers(&outgoing_walkers, world_rank, world_size);
        receive_incoming_walkers(&incoming_walkers, world_rank, world_size);
    }
}
```

但是值得注意的是，代码清单 4 - 9 中的程序有时并不会死锁。如果缓冲区足够大，且发送的数据足够小，该程序理论上不会发生死锁。但是，在实际编程的过程中，不可能有足够大的缓冲区。

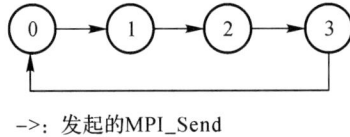

->：发起的MPI_Send

图 4 - 11　MPI_Send 调用的循环链

由于在随机游走问题并行化示例中，主要关注 MPI_Send 和 MPI_Recv 函数，因此避免死锁的最佳方法是制定消息规则，使得发送进程具有与之相匹配的接收进程。反之亦然。一种简单的方法是改变循环链，使得秩为偶数的进程在接收 Walker 之前发送 outgoing_walker，秩为奇数的进程则相反，这样相邻的需要通信的两个进程就不会同时等待一个资源，避免发生死锁问题。

随机游走问题的并行化的最后一个任务是，判断所有 Walker 是否都完成了游走。由于 Walker 可以走随机步数，所以它们可能在任意进程中结束任务。如果没有额外的通信，所有的进程都很难知道 Walker 何时完成游走。一种解决方案是让进程 0 跟踪已经完成的 Walker，并告诉其他进程何时终止。但是该方案实现起来比较烦琐，因为每个进程都需要向进程 0 报告已经完成的 Walker，还要处理接收到的信息。另一种解决方案是将问题尽量简化。因为 Walker 可以游走的最大距离以及每次发送和接收之间的最小尺寸（即每个子域的大小）是已知的，所以可以计算出在 Walker 完成游走之前，每个进程发送和接收的数量。

随机游走问题的并行化程序的主函数部分由代码清单 4 - 10 给出。

代码清单 4 - 10

```
decompose_domain(domain_size, world_rank, world_size, \
    &subdomain_start, &subdomain_size);
initialize_walkers(num_walkers_per_proc, max_walk_size, \
    subdomain_start, subdomain_size, &incoming_walkers);
int maximum_sends_recvs = max_walk_size / (domain_size / world_size) + 1;
for (int m = 0; m < maximum_sends_recvs; m++) {
    // Process all incoming walkers
```

```
    for (int i = 0; i < incoming_walkers. size(); i++) {
    walk(&incoming_walkers[i], subdomain_start, subdomain_size, \
        domain_size，&outgoing_walkers);
    }
    if (world_rank % 2 == 0) {
        send_outgoing_walkers(&outgoing_walkers, world_rank, world_size);
        receive_incoming_walkers(&incoming_walkers, world_rank, world_size);
    } else {
        receive_incoming_walkers(&incoming_walkers, world_rank, world_size);
        send_outgoing_walkers(&outgoing_walkers, world_rank, world_size);
    }
}
```

5. MPI 集合通信编程

上述 MPI 编程只涉及点对点通信，下面介绍 MPI 集合通信的编程。集合通信编程主要特点是在进程间引入了同步点，所有进程在执行代码的时候必须都到达一个同步点才能继续执行后面的代码，即同步进程。MPI 用一个特殊的函数，即 MPI_Barrier(MPI_Comm communicator) 函数来做同步进程这个操作。该函数会构建一个"屏障"，任何一个进程都无法单独跨越屏障，直到所有进程都到达屏障。MPI_Barrier 函数在很多时候具有多种用途，其中一个用途是用来同步一个程序，使得分布式代码中的某一部分可以被精确地计时。关于同步需要注意的地方是，每一次集合通信都是同步的，也就是说如果无法使所有进程完成 MPI_Barrier，那么就无法完成任何集合通信调用。如果在无法确定所有进程是否都完成了 MPI_Barrier 的情况下调用集合通信函数，那么进程会空闲下来。

广播(Broadcasting)是标准的集合操作之一。当一个广播发生的时候，一个进程会把一份相同的数据传递给一个通信器中所有的进程。广播的一个主要用途是将用户的输入数据传递给一个分布式程序，或者是把一些配置参数传递给所有进程。

在 MPI 中，广播可以使用 MPI_Bcast 函数来完成，该函数的原型代码为

　　MPI_Bcast(void*data, int count, MPI_Datatype datatype, int root, MPI_Comm communicator)

尽管发送进程与接收进程完成的任务不同，但是它们都可以调用 MPI_Bcast 函数来实现广播操作。发送进程调用 MPI_Bcast 时，data 变量里的值会被传递给其他进程；接收进程调用 MPI_Bcast 时，data 变量会被从发送进程接收到的数据赋值。

如果不用 MPI-Bcast 来实现广播操作，则先要判断进程的秩，若该进程是发送进程就把数据传递给其他进程，若该进程是接收进程就接收数据。这样的操作实现效率很低，比较有效的方法是构建一个树形广播算法，比如在第一阶段进程 0 将数据传递给进程 1，在第二阶段进程 0 依然把数据传递给进程 2，同时进程 1 也将数据传递给进程 3。也就是说，在第二阶段中，两个网络连接同时发生了。在树形广播算法中，能够利用的网络连接在每一个阶段中都会比前一个阶段翻倍，直到所有进程都接收到数据。MPI_Bcast 使用了一个类似的树形广播算法来获得比较好的网络利用率。代码清单 4 - 11 的程序对广播函数

my_bcast 和 MPI_Bcast 进行了比较。程序通过调用 MPI_Wtime 函数来计算代码运行时间（其中 num_trials 表示运行多少次实验）。

代码清单 4 - 11

```
for (i = 0; i < num_trials; i++) {
    // Time my_bcast
    total_my_bcast_time -= MPI_Wtime();
    my_bcast(data, num_elements, MPI_INT, 0, MPI_COMM_WORLD);
    MPI_Barrier(MPI_COMM_WORLD);
    total_my_bcast_time += MPI_Wtime();
    // Time MPI_Bcast
    total_mpi_bcast_time -= MPI_Wtime();
    MPI_Bcast(data, num_elements, MPI_INT, 0, MPI_COMM_WORLD);
    MPI_Barrier(MPI_COMM_WORLD);
    total_mpi_bcast_time += MPI_Wtime();
}
```

若采用 16 个进程来运行代码清单 4 - 11 的程序，每次广播发送 20 万个整数，每次运行 10 个循环，则运行结果如下：

Data size = 80000，Trials = 10

Avg my_bcast time = 0.082 141

Avg MPI_Bcast time = 0.033 304

从结果中可以看出，my_bcast 和 MPI_Bcast 中的实现有明显的时间差异。表 4 - 3 比较了不同进程数时两种广播函数的运行时间。

表 4 - 3 my_bcast 和 MPI_Bcast 的运行时间（单位：s）

进程数	my_bcast	MPI_Bcast
2	0.007 201	0.007 153
4	0.020 785	0.019 566
8	0.041 302	0.021 399
16	0.082 141	0.033 304

从表 4 - 3 中可以看到，当进程数为 2 时，两种广播函数运行所消耗的时间差异较小。这是因为 MPI_Bcast 在两个进程时并没有提供额外的网络连接。然而，当进程数增加到 16 个进程时，两种广播函数的运行时间就有了明显差异。

下面介绍另外两种集合操作，即分发和收集，对应的函数分别为 MPI_Scatter 和 MPI_Gather。MPI_Scatter 拥有和 MPI_Bcast 类似的集合通信机制。MPI_Scatter 操作会指定一个根进程，根进程会将数据发送给通信器里的所有进程。MPI_Bcast 和 MPI_Scatter 的区别在于，MPI_Bcast 函数中，发送进程发送给每一个进程的数据都是相同的，而 MPI_Scatter 函数中，根进程给每一个进程发送的是数据不同部分。MPI_Scatter 函数的原型代码为

MPI_Scatter(void * send_data, int send_count, MPI_Datatype send_datatype, void * recv_data, int recv_count, MPI_Datatype recv_datatype, int root, MPI_Comm communicator)

其中，参数 send_data 是根进程上的一个数据数组，参数 send_count 和 send_datatype 分别

描述了根进程发送给每个进程的数据数量和数据类型；recv_data 是一个缓存；recv_count 参数表示待缓存的数据数量；recv_datatype 表示待缓存的数据类型；root 和 communicator 分别表示分发数组的根进程以及对应的通信器。

MPI_Gather 与 MPI_Scatter 正好相反，MPI_Gather 可以从多个进程里收集数据并将其集中到一个进程上。这个函数应用于很多并行算法中，比如并行的排序和搜索算法。MPI_Gather 的函数原型代码和 MPI_Scatter 类似，即

> MPI_Gather(void * send_data, int send_count, MPI_Datatype send_datatype, void * recv_data, int recv_count, MPI_Datatype recv_datatype, int root, MPI_Comm communicator)

在 MPI_Gather 中，只有根进程需要一个有效的接收缓存，其他所有的进程都可以传递"NULL"给 recv_data。另外，recv_data 参数表示从每一个进程中接收到的数据，而不是所有进程的数据之和。

下面通过一个计算数组内所有数字平均值的示例来说明 MPI_Scatter 和 MPI_Gather 函数。该例子展示如何使用 MPI 来把工作拆分到不同的进程上，每一个进程对一部分数据进行处理，然后把各个部分的处理结果汇集成最后的计算结果。整个程序分为四个步骤：

（1）在根进程（进程 0）上生成一个随机数组；

（2）把所有数字用 MPI_Scatter 分发给每一个进程，每一个进程得到同样多的数字；

（3）每个进程计算各自得到的数字的平均数；

（4）根进程收集所有进程得到的数字的平均数，然后计算这些数的平均数，得到最后的结果。

该示例的程序如代码清单 4 - 12 所示。

代码清单 4 - 12

```
if (world_rank == 0)
{
    rand_nums = create_rand_nums(num_elements_per_proc * world_size);
}
float * sub_rand_nums = (float* )malloc(sizeof(float)*num_elements_per_proc);
MPI_Scatter(rand_nums, num_elements_per_proc, MPI_FLOAT, sub_rand_nums, \
            num_elements_per_proc, MPI_FLOAT, 0, MPI_COMM_WORLD);
float sub_avg = compute_avg(sub_rand_nums, num_elements_per_proc);
float * sub_avgs = NULL;
if (world_rank == 0) {
    sub_avgs = (float* )malloc(sizeof(float) * world_size);
}
MPI_Gather(&sub_avg, 1, MPI_FLOAT, sub_avgs, 1, MPI_FLOAT, 0, MPI_COMM_
            WORLD);
if (world_rank == 0) {
    float avg = compute_avg(sub_avgs, world_size);
    printf("Avg of all elements is %f\n", avg);
    float original_data_avg =
    compute_avg(rand_nums, num_elements_per_proc * world_size);
    printf("Avg computed across original data is %f\n", original_data_avg);
}
```

代码清单 4 - 12 的程序在根进程里创建了一个随机数的数组。

运行代码清单 4 - 12 所示程序,可以得到如下运行结果:

Avg of all elements is 0.523 453

Avg computed across original data is 0.523 453

必须注意上述数组是随机生成的,因此每次运行程序会得到不一样的结果。

上面介绍了两个用于多对一或者一对多集合通信的 MPI 函数,但很多时候需要将多个元素发送到多个进程(即多对多通信),MPI_Allgather 就能实现该功能。

对于分发在所有进程上的一组数据来说,MPI_Allgather 会收集所有数据并广播到所有进程上,因此,MPI_Allgather 相当于一个收集操作之后紧跟一个广播操作,即 MPI_Allgather 和 MPI_Gather 一样,每一个进程上的数据元素根据进程的秩的顺序被收集起来,然后广播给所有进程。MPI_Allgather 函数的定义和 MPI_Gather 类似,但 MPI_Allgather 不需要 root 参数来指定根进程,即

MPI_Allgather(void* send_data, int send_count, MPI_Datatype send_datatype, void* recv_data, int recv_count, MPI_Datatype recv_datatype, MPI_Comm communicator)

代码清单 4 - 12 的程序可将求平均数的部分修改成用 MPI_Allgather 函数来计算,见代码清单 4 - 13。

代码清单 4 - 13

```
float* sub_avgs = (float* )malloc(sizeof(float) * world_size);
MPI_Allgather(&sub_avg, 1, MPI_FLOAT, sub_avgs, 1,
MPI_FLOAT, MPI_COMM_WORLD);
float avg = compute_avg(sub_avgs, world_size);
```

在代码清单 4 - 13 中,每个进程所得数字的平均数被 MPI_Allgather 收集到所有进程上,最终平均数可以在每一个进程上被计算出来。代码的运行结果如下:

Avg of all elements from proc 1 is 0.743 835

Avg of all elements from proc 3 is 0.743 835

Avg of all elements from proc 0 is 0.743 835

Avg of all elements from proc 2 is 0.743 835

数据的规约(Reduce)是函数式编程的经典概念,是指将一组数字缩减为一个较小的集合。例如,有一个数字列表[1,2,3,4,5],用求和规约对这个数字列表进行操作将产生结果 15,若用乘法规约将产生结果 120。MPI 中的 MPI_Reduce 函数可以处理并行程序设计中几乎所有常见的规约。

与 MPI_Gather 类似,调用 MPI_Reduce 可在每一个进程上接收一组输入数据,并将一组输出数据返回给根进程,输出数据包含规约的结果。MPI_Reduce 函数的原型代码为

MPI_Reduce(void* send_data, void* recv_data, int count, MPI_Datatype datatype,

MPI_Op op, int root, MPI_Comm communicator)

其中，send_data 参数是每个进程准备规约的一组数据，该组数据的类型为 datatype；recv_data 只与秩为 rank 的进程相关且包含规约的结果，其大小为 count 参数乘以数据类型 datatype 所占字节；op 参数是对数据的规约操作。MPI 常用的规约操作见表 4-4。

表 4-4　MPI 常用的规约操作说明

规　约	说　明	规　约	说　明
MPI_MAX	返回最大元素	MPI_MIN	返回最小元素
MPI_SUM	元素求和	MPI_PROD	将所有元素相乘
MPI_LAND	执行元素逻辑与	MPI_LOR	执行元素逻辑或
MPI_BAND	对元素的位进行按位与	MPI_BOR	对元素的位进行按位或
MPI_MAXLOC	返回最大值及对应的进程 rank	MPI_MINLOC	返回最小值及对应的进程 rank

图 4-12 中，每个进程都包含 1 个整数。根进程 0 调用 MPI_Reduce 并使用 MPI_SUM 作为规约操作，结果是将 4 个数字相加并存储在根进程中。

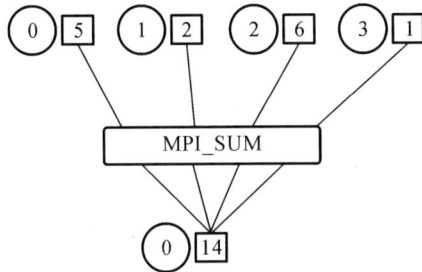

图 4-12　MPI_Reduce 的规约操作（每个进程包含 1 个整数）

图 4-13 中，当每个进程包含由 2 个整数组成的数组时，根进程 0 调用 MPI_Reduce 并使用 MPI_SUM 可将每一个数组的第 i 个元素相加并存储为进程 0 的数组的第 i 个元素。

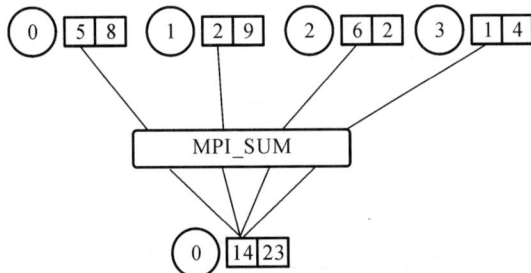

图 4-13　MPI_Reduce 的规约操作（每个进程包含 2 个整数）

前面求平均数的程序使用了 MPI_Scatter 和 MPI_Gather 来计算平均数，现在可以用 MPI_Reduce 简化程序，简化后的程序如代码清单 4-14 所示。

代码清单 4 - 14

```
float *rand_nums = NULL;
rand_nums = create_rand_nums(num_elements_per_proc);
float local_sum = 0;
int i;
for (i = 0; i < num_elements_per_proc; i++) {
    local_sum += rand_nums[i];
}
printf("Local sum for process %d - %f, avg = %f\n", \
    world_rank, local_sum, local_sum / num_elements_per_proc);
float global_sum;
MPI_Reduce(&local_sum, &global_sum, 1, MPI_FLOAT, \
            MPI_SUM, 0, MPI_COMM_WORLD);
if (world_rank == 0) {
    printf("Total sum = %f, avg = %f\n", global_sum, \
        global_sum / (world_size * num_elements_per_proc));
}
```

代码清单 4 - 14 中，每个进程创建随机数并计算各自数据的和，之后存入 local_sum 变量中，然后使用 MPI_SUM 将 local_sum 变量的数据规约到根进程中。最后的平均数是用 global_sum / (world_size * num_elements_per_proc)计算的。程序的运行结果如下：

Local sum for process 2 - 51.624 336, avg = 0.516 243

Local sum for process 1 - 46.710 728, avg = 0.467 107

Local sum for process 0 - 54.682 476, avg = 0.546 825

Local sum for process 3 - 48.984 440, avg = 0.489 844

Total sum = 202.001 984, avg = 0.505 005

有许多并行程序需要所有进程访问规约的结果，而不仅仅是根进程。和 MPI_Allgather 对 MPI_Gather 的补充类似，这里可以用 MPI_Allreduce 进行数据规约并将结果广播给所有进程。MPI_Allreduce 函数的原型代码为

MPI_Allreduce (void* send_data, void* recv_data, int count, MPI_Datatype datatype, MPI_OP op, MPI_Comm communicator)

从上面原型代码中可以看到，MPI_Allreduce 不需要根进程的秩，其他参数和 MPI_Reduce 的完全相同。MPI_Allreduce 的通信模式可以参考图 4 - 14。从图中可以看出，MPI_Allreduce 相当于 MPI_Reduce 后跟了 MPI_Bcast 函数。

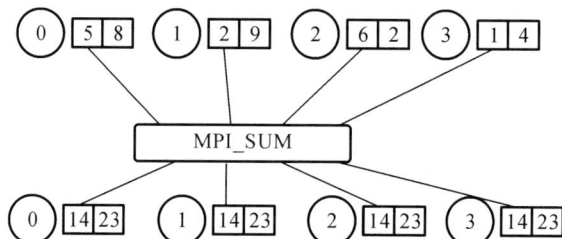

图 4 - 14　MPI_Allreduce 的通信模式

许多计算问题需要多次规约才可以解决，例如求一组分布式数字集的标准差。接下来介绍用 MPI_Allreduce 实现标准差的计算。

要计算标准差，首先要计算所有数字的平均数，然后计算每个数与平均数之差的平方和，最后计算这个和的平方根，即标准差。由此可知，计算标准差至少会计算两次所有数的和，即两次规约。相应的程序如代码清单 4-15 所示。

代码清单 4-15

```
rand_nums = create_rand_nums(num_elements_per_proc);
float local_sum = 0;
int i;
for (i = 0; i < num_elements_per_proc; i++) {
    local_sum += rand_nums[i];
}
float global_sum;
MPI_Allreduce(&local_sum, &global_sum, 1, MPI_FLOAT, \
                MPI_SUM, MPI_COMM_WORLD);
float mean = global_sum / (num_elements_per_proc * world_size);
float local_sq = 0;
for (i = 0; i < num_elements_per_proc; i++) {
    local_sq += (rand_nums[i] - mean) * (rand_nums[i] - mean);
}
float global_sq;
MPI_Reduce(&local_sq, &global_sq, 1, MPI_FLOAT, \
                MPI_SUM, 0, MPI_COMM_WORLD);
if (world_rank == 0) {
    float stddev = sqrt(global_sq / (num_elements_per_proc * world_size));
    printf("Mean - %f, Standard deviation = %f\n", mean, stddev);
}
```

在代码清单 4-15 的程序中，每个进程计算 local_sum 中的数据并使用 MPI_Allreduce 对这些数据求和。每个进程获得所有数据的和之后，计算平均数以便调用 local_sq。计算出所有数据与平均数之差的平方之后，就可以使用 MPI_Reduce 找到 global_sq，最后根进程可以通过取其平均数的平方根来计算标准差。

代码运行结果如下：

Mean - 0.506 934, Standard deviation = 0.287 084

6. MPI 群组和通信器

在 MPI 集合通信中，可以让进程立即与通信器中的所有进程通信，以执行诸如分发或者规约之类的操作，使用的通信器是默认的 MPI_COMM_WORLD。对于简单的操作，MPI_COMM_WORLD 已经够用了，但是当问题变得复杂时，就需要多个通信器，这时可以使用 MPI_Comm_split 函数来创建新的通信器。MPI_Comm_split 函数的原型代码如下：

MPI_Comm_split (MPI_Comm comm, int color, int key, MPI_Comm* newcomm)

MPI_Comm_split 根据 color 和 key 两个参数，并运用"划分(split)"方法将原通信器拆分成一组子通信器。需要注意的是，原通信器不会消失，但是每一个进程都会被分配一个子通信器。第一个参数 comm 是指原通信器，也就是被划分的范围。原通信器可以是 MPI_COMM_WORLD，也可以是任何其他的通信器。第二个参数 color 决定每一个进程属于哪一个子通信器，color 参数值相同的所有进程会分配到同一个子通信器中。如果 color 参数为 MPI_UNDEFINED，那么这个进程将不被分配至任何子通信器中。第三个参数 key 用于确定每一个新通信器的排序。key 参数值最小的进程被排在第 0 位，下一个排在第 1 位，依次类推。如果 key 参数值相同，在原通信器中具有较低秩的进程将排在第 1 位。最后一个参数 newcomm 用于将新创建的通信器返回给用户。

下面给出一个简单的示例。该示例将一个原通信器分成一组较小的子通信器。假定原通信器已经被逻辑地划分为拥有 16 个进程的 4×4 网络，我们的目标是逐行将网络进行划分，每行的 color 参数值相同。具体划分可参考图 4 - 15。

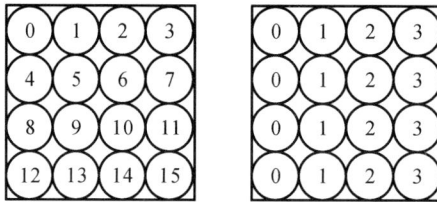

图 4 - 15　通信器的划分

从图 4 - 15 中可以看到，左侧每一行的一组进程被划分到右边的一个子通信器中，具体实现过程参考代码清单 4 - 16。

代码清单 4 - 16

```
int world_rank, world_size;
MPI_Comm_rank(MPI_COMM_WORLD, &world_rank);
MPI_Comm_size(MPI_COMM_WORLD, &world_size);
int color = world_rank / 4;
MPI_Comm row_comm;
MPI_Comm_split(MPI_COMM_WORLD, color, world_rank, &row_comm);
int row_rank, row_size;
    MPI_Comm_rank(row_comm, &row_rank);
MPI_Comm_size(row_comm, &row_size);
printf("WORLD RANK/SIZE: %d/%d --- ROW RANK/SIZE: %d/%d\n", \
world_rank, world_size, row_rank, row_size);
MPI_Comm_free(&row_comm);
```

代码清单 4 - 16 的前 4 行用于获得原通信器 MPI_COMM_WORLD 的秩和大小，然后确定本地进程的 color 参数。这里使用 world_rank 作为划分的 key 参数，以便使新通信器中的所有进程与它们在原通信器中的顺序相同。上述程序最后通过 MPI_Comm_free 来释放通信器。当我们不使用 MPI 对象时，应该将其释放，以便后续使用。MPI 一次可以创建有限数目的对象，如果 MPI 用完了可分配对象而不释放对象，可能导致运行错误。

除了 MPI_Comm_split 之外，MPI 还有其他一些函数可用于创建通信器。MPI_Comm

_dup 函数可用来创建一个通信器的副本,这对使用库执行特定函数(例如数学库)的应用十分有用。在这些应用中,用户代码和库代码应互不干扰,所以每一个进程应该做的第一件事就是创建一个 MPI_COMM_WORLD 副本,以避免其他库因调用 MPI_COMM_WORLD 而出错。库本身也可以复制 MPI_COMM_WORLD 来避免同样的问题。MPI 还有 MPI_Comm_create、MPI_Comm_create_group 等其他更高级的通信器功能,由于篇幅有限,本书将不再涉及。

虽然 MPI_Comm_split 是创建通信器最简单的方法,但是并不是唯一的方法。我们可以用更加灵活的方法来创建通信器,比如一种新的 MPI 对象——MPI_Group。在 MPI 内部,需要注意通信器的两个主要部分,其一是将一个通信器与另一个通信器区分开的上下文信息,其二是通信器包含的进程组。上下文信息的作用是防止一个通信器上的操作去匹配另一个通信器上的类似操作,MPI 在内部为每个通信器保留一个上下文信息以防止混淆。进程组(Group)是指通信器中所有进程的集合。对于 MPI_COMM_WORLD,要通过 mpiexec 启动所有进程;对于其他通信器,该组会有所不同。在代码清单 4 - 16 中,组指所有以相同的 color 参数传递给 MPI_Comm_split 的进程。

MPI 中关于组的操作主要包括联合操作和交操作,这些操作与集合论的方法类似。联合操作是指用两个组创建一个新的较大的组,新的组包括原来两个组的所有成员(没有重复),例如:两个组{0,1,2,3}和{2,3,4,5}的联合操作是{0,1,2,3,4,5}。交操作是指从两个组创建一个新的较小的组,新的组包括原来两个组中共同存在的成员,例如:两个组{0,1,2,3}和{2,3,4,5}的交操作的结果是{2,3}。

在 MPI 中通过调用 MPI_Comm_group 可以很容易地在通信器中获得进程组。MPI_Comm_group 函数的原型代码为

    MPI_Comm_group(MPI_Comm comm, MPI_Group* group)

调用 MPI_Comm_group 可获得一个组对象,组对象的工作方式和通信器对象的工作方式相同,但不能通过它和其他级别的对象进行通信,因为缺少上下文信息。我们可以运用 MPI_Group_rank 和 MPI_Group_size 分别获得组的秩和大小。使用通信器无法完成,但是使用组可以完成的操作是在本地构建新的组。本地操作和远程操作之间的区别在于,远程操作涉及其他级别的通信,而本地操作不涉及。创建新的通信器是一种远程操作,因为所有进程都需要有相同的上下文信息和组。而创建组是一种本地操作,因为它不用通信,因此不需要为每一个进程设置相同的上下文信息。

给定了两个组,对它们执行操作很简单,比如:

联合操作:

    MPI_Group_union (MPI_Group group1, MPI_Group group2, MPI_Group* newgroup)

交操作:

    MPI_Group_intersection(MPI_Group group1, MPI_Group group2, MPI_Group* newgroup)

这两种操作都在 group1 和 group2 上进行,并把结果保存在 newgroup 中。

在 MPI 中还有许多组的运用,例如可以比较组以查看它们是否相同,从一个组中减去一个组或使用组将一个组的秩转换为另一个组。MPI_Comm_create_group 函数的功能是创建一个新的通信器,但是和 MPI_Comm_split 不同,这个函数接收一个 MPI_Group 对象并创建一个新的通信器,它拥有与该组相同的所有进程。MPI_Comm_create_group 的函数

原型如下：

     MPI_Comm_create_group(MPI_Comm comm，MPI_Group group，int tag，

     MPI_Comm* newcomm)

    下面介绍一个关于组的简单示例，该示例用到一个新的函数 MPI_Group_incl，该函数允许选择组中的特定排名，并构建一个仅包含那些排名的新组。MPI_Group_incl 函数的原型为

     MPI_Group_incl (MPI_Group group，int n，const int ranks[]，MPI_Group* newgroup)

    使用此函数，newgroup 将包含秩在 ranks 数组中的 group 进程，其大小为"n"。为了理解它的工作原理，这里构建了一个包含 MPI_COMM_WORLD 中主要秩的通信器。该示例的程序如代码清单 4-17 所示。

代码清单 4-17

```
int world_rank, world_size;
MPI_Comm_rank(MPI_COMM_WORLD, &world_rank);
MPI_Comm_size(MPI_COMM_WORLD, &world_size);
MPI_Group world_group;
MPI_Comm_group(MPI_COMM_WORLD, &world_group);
int n = 7;
const int ranks[7] = {1, 2, 3, 5, 7, 11, 13};
MPI_Group prime_group;
MPI_Group_incl(world_group, 7, ranks, &prime_group);
MPI_Comm prime_comm;
MPI_Comm_create_group(MPI_COMM_WORLD, prime_group, 0, &prime_comm);
int prime_rank = -1, prime_size = -1;
if (MPI_COMM_NULL != prime_comm) {
    MPI_Comm_rank(prime_comm, &prime_rank);
        MPI_Comm_size(prime_comm, &prime_size);
}
printf("WORLD RANK/SIZE：%d/%d --- PRIME RANK/SIZE：%d/%d\n", \
    world_rank, world_size, prime_rank, prime_size);
MPI_Group_free(&world_group);
MPI_Group_free(&prime_group);
MPI_Comm_free(&prime_comm);
```

    在这个例子中，我们通过仅选择 MPI_COMM_WORLD 的在数组 ranks 中的秩来构建通信器。这是通过 MPI_Group_incl 完成的，并得到了 prime_group。接下来，我们将该组传递给 MPI_Comm_create_group 以创建 prime_comm。最后，必须检查以确保通信器不是 MPI_COMM_NULL，它是从 MPI_Comm_create_group 返回的，不包括在 ranks 中。

4.5.2 MPI 非阻塞通信编程

    前文介绍的基本发送函数和接收函数 MPI_Recv 都属于阻塞通信，而非阻塞通信是使

用 MPI_Isend 和 MPI_Irecv 等函数完成的。对于发送进程，当系统将要发送的消息存在发送缓冲区后，即可返回，以便继续执行后续工作，无须等待系统真正发送消息。对于接收进程，不管接收缓冲区是否有已发送的消息，都会返回，但是必须在后面调用 MPI_Wait 来查看通信是否完成。在这样的通信模式中，当消息被确切地发出或者接收时，系统将用中断信号通知发送进程和接收进程。在此之前它们可以周期性地查询、暂时挂起或者执行其他计算，以实现计算与通信的重叠。

非阻塞通信会遵守一定的执行顺序，代码清单 4-18 是一个进程间使用非阻塞通信的示例。

代码清单 4-18

```
int sba[1] = {-1}, sbb[1] = {1};
int rba[1], rbb[1];
int flag1, flag2;
MPI_Request r1, r2;
MPI_Status status1, status2;
MPI_Init(&argc, &argv);
int world_rank;
MPI_Comm_rank(MPI_COMM_WORLD, &world_rank);
int world_size;
MPI_Comm_size(MPI_COMM_WORLD, &world_size);
if (world_rank == 0)
{
    fprintf(stderr, "proc %d: sba = [%d]\n", world_rank, sba[0]);
    fprintf(stderr, "proc %d: sbb = [%d]\n", world_rank, sbb[0]);
    fflush(stderr);
    MPI_Isend(sba, 1, MPI_INT, 1, 0, MPI_COMM_WORLD, &r1);
    MPI_Isend(sbb, 1, MPI_INT, 1, 0, MPI_COMM_WORLD, &r2);
        MPI_Wait(&r1, &status1);
        MPI_Wait(&r2, &status2);
}
else if (world_rank == 1)
{
    MPI_Irecv(rba, 1, MPI_INT, 0, MPI_ANY_TAG, MPI_COMM_WORLD, &r1);
    MPI_Irecv(rbb, 1, MPI_INT, 0, 0, MPI_COMM_WORLD, &r2);
    MPI_Wait(&r1, &status1);
    MPI_Wait(&r2, &status2);
    fprintf(stderr, "proc %d: rba = [%d]\n", world_rank, rba[0]);
    fprintf(stderr, "proc %d: rbb = [%d]\n", world_rank, rbb[0]);
    fflush(stderr);
}
MPI_Finalize();
```

运行代码清单 4-18 的程序，可以得到如下运行结果：

```
proc 0：sba = [-1]
proc 0：sbb = [1]
proc 1：rba = [-1]
proc 1：rbb = [1]
```

进程 0 的第一个发送操作会和进程 1 的第一个接收操作配对，第二个也是这样。即使交换了接收进程的接收顺序，第一个发送操作也是配对第一个接收操作，第二个发送操作配对第二个接收操作。

非阻塞通信调用了等待函数 MPI_Wait，该函数使用了非阻塞通信对象来管理通信动作是否完成的信息。例如上面代码中的 flag1、flag2、r1、r2（flag1 和 flag2 在代码清单 4-19 中调用），都是通信对象，主要是用来标识通信操作，并在启动和结束通信的操作之间建立联系。

MPI_Wait 函数的原型代码为

```
MPI_Wait (MPI_Request *request，MPI_Status *status)
```

与 MPI_Wait 类似，MPI_Test 也以非阻塞通信对象为参数，但是它的返回不一定要等到与非阻塞通信对象相联系的非阻塞通信结束。若在调用 MPI_Test 时，该非阻塞通信已经结束，则它和 MPI_Wait 的效果完全相同，完成标志 flag=1；若在调用 MPI_Test 时，该非阻塞通信还没有完成，则它和 MPI_Wait 不同，它不必等待该非阻塞通信完成就可以直接返回，但是完成标志 flag=0，同时也不释放相应的非阻塞通信对象。MPI_Test 函数的原型代码为

```
MPI_Test (MPI_Request *request，int *flag，MPI_Status *status)
```

代码清单 4-19 中的程序调用了 MPI_Test，该程序是在代码清单 4-18 所示程序上进行的改动。

代码清单 4-19

```
else if (rank == 1)
{
    MPI_Irecv(rba, 1, MPI_INT, 0, MPI_ANY_TAG, comm, &r1);
    MPI_Irecv(rbb, 1, MPI_INT, 0, 0, comm, &r2);
    MPI_Test(&r1, &flag1, &status1);
    MPI_Test(&r2, &flag2, &status2);
    fprintf (stderr, "proc %d：rba = [%d], t = %f, flag1 = %d\n", rank, rba[0], \
            MPI_Wtime(), flag1);
    fprintf (stderr, "proc %d：rbb = [%d], t = %f, flag2 = %d\n", rank, rbb[0], \
            MPI_Wtime(), flag2);
    MPI_Wait(&r1, &status1);
    MPI_Wait(&r2, &status2);
    MPI_Test(&r1, &flag1, &status1);
    MPI_Test(&r2, &flag2, &status2);
    fprintf(stderr, "proc %d：rba = [%d], t = %f, flag1 = %d\n", rank, rba[0], \
```

```
        MPI_Wtime(), flag1);
    fprintf(stderr, "proc %d: rbb = [%d], t = %f, flag2 = %d\n", rank, rbb[0], \
        MPI_Wtime(), flag2);
    fflush(stderr);
}
```

代码清单 4-19 程序运行结果如下：

proc 0：sba = [-1]

proc 0：sbb = [1]

proc 1：rba = [1], t = 1468052801.197011, flag1 = 0

proc 1：rbb = [4197776], t = 1468052801.197031, flag2 = 0

proc 1：rba = [-1], t = 1468052801.197051, flag1 = 1

proc 1：rbb = [1], t = 1468052801.197057, flag2 = 1

第一次调用 MPI_Test 的时候通信并没有完成，数据也是随机的值，flag 仍是 0。在调用 MPI_Wait 之后（表示通信完成）再用 MPI_Test 进行测试，这时 flag 就变成了 1。

参 考 文 献

［1］　尼尔森.基于 MPI 的大数据高性能计算导论［M］.北京：机械工业出版社，2018.

［2］　张武生，薛巍，李建江，等. MPI 并行程序设计实例教程［M］.北京：清华大学出版，2009.

［3］　奎因，陈文光，武永卫. MPI 与 OpenMP 并行程序设计：C 语言版［M］.北京：清华大学出版社，2004.

［4］　都志辉.高性能计算并行编程技术：MPI 并行程序设计［M］.北京：清华大学出版社，2001.

第5章
共享存储编程

OpenMP 是由 OpenMP Architecture Review Board 牵头提出并已被广泛接受的，用于共享内存并行系统的多线程程序设计的一套编译指令（Compiler Directive）。本章首先对 OpenMP 的历史版本及其编程模型进行简要介绍，其次介绍 OpenMP 的组件，包括编译器指令、库函数、环境变量等，然后介绍 OpenMP 的编程方法，包括并行操作、工作共享、同步操作等，最后给出 OpenMP 并行编程解决矩阵乘法问题的案例分析。

5.1 OpenMP 简介

上一章介绍了适用于分布式内存并行计算机的消息传递编程，这一章将介绍适用于共享内存并行计算机的共享存储编程。OpenMP（Open Multi-processing，开放多处理）是一种支持 C/C++和 FORTRAN 语言的多平台共享内存多处理器编程的应用程序接口（API），适用于大多数平台、指令集架构和操作系统（包括 Linux、macOS、Windows 等）。OpenMP 由一些知名计算机硬件和软件供应商共同定义，包括 AMD、ARM、IBM 等。

OpenMP 的设计遵循四个目标：标准化、精简、便于使用、可移植。标准化体现在 OpenMP 可作为各共享内存架构/平台之间的标准且由主要计算机硬件和软件供应商共同定义和认可；精简体现在 OpenMP 指令简单有限，通过三四个指令就能实现并行化；便于使用体现在 OpenMP 提供逐步并行化串行程序的能力；可移植体现在 OpenMP 同时支持 C/C++以及 FORTRAN 语言，适用于大多数操作系统，包括 Unix、Linux 和 Windows 等。

1997 年，人们提出了首个支持 FORTRAN 语言的 1.0 版本的 OpenMP，随后第二年提出了支持 C/C++语言的 1.0 版本的 OpenMP，在 2000 年发布了支持 FORTRAN 语言的 2.0 版本的 OpenMP，两年后发布了支持 C/C++语言的 2.0 版本的 OpenMP。之后推出的版本支持 C/C++以及 FORTRAN 语言，OpenMP 具体历史版本如表 5-1 所示。

表 5-1 OpenMP 历史版本

时　间	版　本
1997 年 10 月	FORTRAN V1.0
1998 年 10 月	C/C++ V1.0
1999 年 11 月	FORTRAN V1.1

时　间	版　本
2000 年 11 月	FORTRAN V2.0
2002 年 3 月	C/C++ V2.0
2005 年 5 月	OpenMP V2.5
2008 年 5 月	OpenMP V3.0
2011 年 7 月	OpenMP V3.1
2013 年 7 月	OpenMP V4.0
2015 年 11 月	OpenMP V4.5
2018 年 11 月	OpenMP V5.0

　　OpenMP 是基于多处理器系统设计的，它的底层架构可以是 UMA(Uniform Memory Access，统一内存访问)或者 NUMA(Non-uniform Memory Access，非统一内存访问)，如图 5-1 所示。

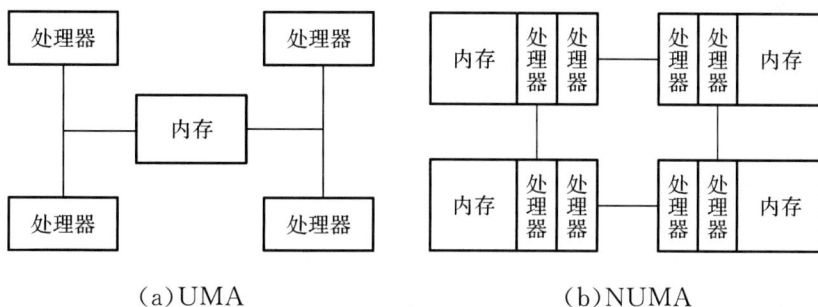

(a)UMA　　　　　　　　(b)NUMA

图 5-1　共享内存模型

　　OpenMP 的并行模型使用的是传统的 Fork/Join 模型，如图 5-2 所示。Fork 是由一变多的过程，是线程的创建过程。Join 是由多变一的过程，是线程的汇合过程。每个 OpenMP 程序都由一个单一线程开始，我们称这个线程为"主线程"，当这个主线程运行到并行指令处，将派生出多个子线程并行运行，并行运行结束后，子线程停止工作，主线程继续工作，如此循环直至整个程序运行结束。

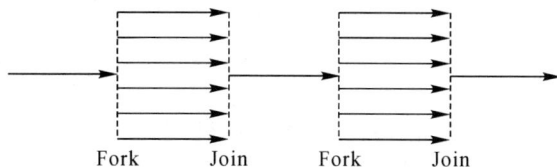

Fork　　　　Join　　　Fork　　　　Join

图 5-2　Fork/Join 模型

　　Fork 和 Join 对之间的区域，通常称为并行域，并行域中的子线程个数可以不相同，并且并行域可以嵌套其他并行域，如图 5-3 所示。

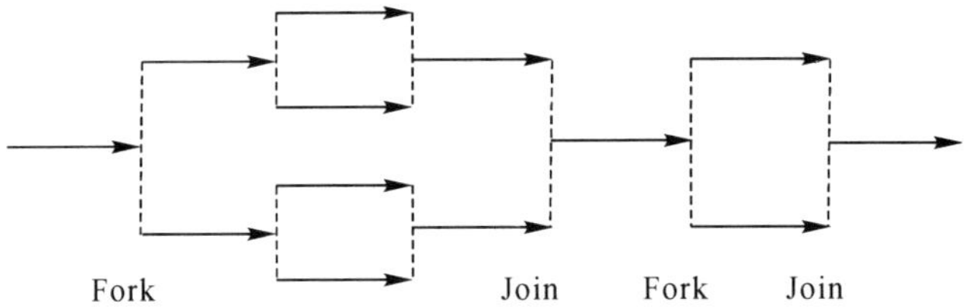

Fork   Join Fork Join

图 5 - 3   并行域嵌套

5.2   OpenMP 组件

OpenMP 由三个部件组成：编译器指令、库函数和环境变量。

5.2.1   编译器指令

OpenMP 通过一系列的编译器指令来完成各种操作，例如产生并行域、在线程之间划分代码块、在线程之间分配循环迭代等。当程序运行到指令行时，会执行指令行的操作，如果编译器不支持这些指令，那么 OpenMP 就会将这些指令当成注释跳过，从而影响程序的运行。编译器指令以 ♯pragma omp 开头，形如：

```
♯pragma omp directive-name [clause,...]
{
    structured-block；
}
```

其中：♯pragma omp 表示所有的 C/C++ 指令都需要执行；directivev-name 表示 OpenMP 指令的名字，每一个指令只能含有一个指令名；[clause,...]表示可选子句。

需要注意的是编译器指令的英文字母区分大小写，并且指令行后需要换行，也就是说大括号不能紧跟在子句后面而要另起一行书写。此外，OpenMP 指令后面的代码块必须是结构化的。子句的种类很多，表 5 - 2 仅列出部分 OpenMP 常用子句。

表 5 - 2   OpenMP 常用子句

指　令	子句含义
if	判断是否执行并行化指令
private	声明变量对于每个线程私有
firstprivate	在 private 的基础上，继承一次主线程中同名变量的初值
lastprivate	在 private 的基础上，指定变量在迭代后将值赋给原始同名变量
default(shared|none)	指定变量的数据共享属性
shared	声明共享变量
copyin	将主线程中同变量名的值赋值给指定 threadprivate 变量
copyprivate	将指定私有变量的值广播到其他线程的同名变量中

指　令	子 句 含 义
reduction	指定变量和运算符，在操作结束后进行指定运算，并将结果赋值给主线程变量
schedule	指定 for 循环中的线程划分
ordered	使代码按照串行循环的顺序执行
nowait	去除隐含的同步障碍
num_threads	指明线程数量
proc_bind(master|close|spread)	指定 OpenMP 线程到处理器核心的映射
collapse	指定合并嵌套循环的层数

5.2.2　库函数

OpenMP 除了提供一系列编译器指令以及子句之外，还提供了许多函数来达到各种目的，例如查询子线程数、查询线程、设置线程动态调整等。这些函数大致可以分为两大类：一类是控制执行环境的函数，另一类是控制同步数据的函数。对于 C/C++语言来说，需要包含<omp.h>头文件，OpenMP 的库函数较多，这里主要介绍常用编译器 Microsoft Visual Studio 支持的 OpenMP 2.0 版本中的一些函数，见表 5-3。

表 5-3　OpenMP 的库函数

函数名	函 数 含 义
omp_set_num_threads	用于指定线程数
omp_get_num_threads	返回并行域内的当前线程数
omp_get_max_threads	返回支持的最大线程数
omp_get_thread_num	返回该线程的线程号
omp_get_num_procs	返回程序可用的处理器数
omp_in_parallel	判断当前代码是否并行
omp_set_dynamic	启用或者禁用并行域线程数的动态调整
omp_get_dynamic	判断是否启用动态调整
omp_set_nested	启用或者禁用嵌套并行
omp_get_nested	判断是否启用嵌套并行
omp_init_lock	初始化锁变量关联的锁
omp_init_nest_lock	初始化锁变量关联的嵌套锁
omp_destroy_lock	取消锁变量关联的锁
omp_destroy_nest_lock	取消锁变量关联的嵌套锁
omp_set_lock	获得锁的所有权
omp_set_nest_lock	获得嵌套锁的所有权
omp_unset_lock	释放锁的所有权

续表

函 数 名	函 数 含 义
omp_unset_nest_lock	释放嵌套锁的所有权
omp_test_lock	尝试设置锁但不阻止程序的运行
omp_test_nest_lock	尝试设置嵌套锁但不阻止程序的运行
omp_get_wtime	返回经过的挂钟时间
omp_get_wtick	返回连续时钟周期之间的秒数

5.2.3 环境变量

OpenMP 还提供了一些环境变量来控制并行程序的执行。环境变量名的英文字母必须是大写的，赋值的英文字母不区分大小写。表 5-4 给出了部分常见的环境变量。

表 5-4 OpenMP 的环境变量

环境变量名	环境变量含义
OMP_SCHEDULE	设置调度类型以及块的大小
OMP_NUM_THREADS	设置并行域并行执行代码的线程数
OMP_DYNAMIC	启用或者禁用动态调整并行域线程数，其赋值只能是 TRUE 或者 FALSE
OMP_NESTED	启用或者禁用嵌套并行，其赋值只能是 TRUE 或者 FALSE
OMP_PROC_BIND	指定线程是否可以移动到其他处理器上运行，其赋值可以是 TRUE 或者 FALSE 或者以逗号间隔开的 master，close，spread 列表
OMP_STACKSIZE	指定创建线程的堆栈大小
OMP_WAIT_POLICY	指定等待线程的行为，其赋值可以是 ACTIVE 或者 PASSIVE
OMP_MAX_ACTIVE_LEVELS	控制嵌套的活动并行域的最大数量
OMP_THREAD_LIMIT	指定创建的最大线程数

5.3 OpenMP 的编程方法

本节所用编程语言为 C/C++，编译器为 Microsoft Visual Studio 支持的 OpenMP 2.0 版本。在 Microsoft Visual Studio 上使用 OpenMP 只需要在项目属性里开启 OpenMP 支持即可。本节按照 OpenMP 编译指令功能划分来介绍，最后介绍版本更新所增加的重要新特性。

5.3.1 并行操作

并行操作是 OpenMP 最基本的操作，并行指令以 ♯ pragma omp parallel 开头，形式如下：

```
# pragma omp parallel [clause]
{structured-block}
```

当程序运行到并行操作语句时，主线程创建多个子线程形成并行域，系统并行执行之后的代码块。并行域的末尾存在一个隐含的同步障碍，要等所有子线程都运行到此处才进行之后的操作。代码清单 5-1 展示了并行操作的基本用法。

代码清单 5-1

```
int main()
{
    # pragma omp parallel
    {
        printf("hello world ! \n");
    }
}
```

这段程序的输出结果如下：

```
hello world !
hello world !
hello world !
hello world !
hello world !
hello world !
hello world !
hello world !
```

通过以上结果可以观察到，这段代码输出了 8 个 hello world!，由此可以看出并行指令下的代码块被执行了 8 次，实现了并行操作并且每个子线程都运行了代码块中的内容。在代码中没有指定子线程的个数，这里程序默认用上了 CPU 支持的最多子线程数。OpenMP 提供了子句 num_threads 来指定子线程的个数，代码清单 5-2 展示了子句 num_threads 的用法。

代码清单 5-2

```
int main()
{
    # pragma omp parallel num_threads(6)
    {
        printf("hello world ! id=%d\n", omp_get_thread_num());
    }
}
```

相应的输出结果如下：

```
hello world ! id= 2
hello world ! id= 4
hello world ! id= 0
hello world ! id= 5
hello world ! id= 1
```

hello world！id＝3

代码清单 5-2 所示代码中使用子句 num_threads 来设置子线程数（为 6）并且利用函数 omp_get_thread_num（）来获取线程编号。由输出结果能够知道，并行域代码被运行了 6 次，也就是说创建了 6 个线程分别执行了代码块。

除了使用子句之外，OpenMP 还提供了函数 omp_set_num_threads 以及环境变量 OMP_NUM_THREADS 来设置子线程数，它们的优先级为 num_threads ＞ omp_set_num _threads＞ OMP_NUM_THREADS。

除此之外，子线程数还与动态调整的设置有关。OpenMP 可以通过函数 omp_set_ dynamic 以及环境变量 OMP_DYNAMIC 来启用或者禁用线程数的动态调整。如果启用动态调整，运行时会在用户设置的线程数范围内自动调整线程数，即用户设置的线程数会看作最大线程数。同样，函数 omp_set_dynamic 的优先级高于环境变量 OMP_DYNAMIC。

在并行域中通过调用函数 omp_set_nested 以及环境变量 OMP_NESTED 可以控制嵌套并行的使用。

5.3.2　工作共享

并行操作能够产生多个子线程且多个子线程执行相同的代码块，但是有时每个子线程运行完全相同的代码并不是想要获得的结果，这样并不能加速计算，反而增加了计算量。例如计算 1＋2＋3＋…＋100，如果每个子线程都计算了一遍 1＋2＋3＋…＋100，这反而增加了计算量，理想的并行计算是每个子线程计算式子中的一部分，例如线程 1 计算 1＋2＋ …＋10，线程 2 计算 11＋12＋…＋20，依次类推，这样就能通过并行操作加速计算。因此在并行域当中，重要的是考虑如何并行完成同一个工作，而不是同一个工作并行完成多次。为了实现这个目标，OpenMP 定义了以下三个指令：for 指令、sections 指令以及 single 指令，统称为工作共享。工作共享的末尾同样隐含着一个同步障碍，可以通过 nowait 子句来消除同步障碍。

1. for 指令

for 指令指定相关的循环操作并行运行，形式如下：

```
＃pragma omp for ［clause］
｛for loop｝
```

for 指令一般在 parallel 生成的并行域中使用，也可以与 parallel 指令复合使用，形如：

```
＃pragma omp parallel for ［clause］
｛for loop｝
```

通过 for 指令，系统可以将 for 循环并行执行，如代码清单 5-3 中所示。

代码清单 5-3

```
int main()
{
    ＃pragma omp parallel num_threads(6)
    {
        ＃pragma omp for
        for (int i ＝ 0；i ＜ 6；i＋＋)
        {
```

```
            printf("i=%d, id= %d\n",i, omp_get_thread_num());
        }
    }
}
```

运行以上代码，将会输出以下结果：

```
i=1, id= 1
i=3, id= 3
i=0, id= 0
i=4, id= 4
i=2, id= 2
i=5, id= 5
```

由上述结果可以看到，for 指令被分配到 6 个不同的线程中分别执行。分配任务需要考虑资源的调度。假如每个迭代的计算量不同，存在计算量相差巨大的迭代，如果按迭代次数平均分配给子线程，那就会造成子线程的空闲，由于工作共享的末尾隐含一个同步障碍，计算量小的子线程提前完成工作后，必须等待计算量大的子线程完成工作后再进行之后的工作，这就造成了资源的浪费，因此 for 指令的资源调度显得尤为重要。OpenMP 提供了schedule 子句来控制 for 指令的资源调度。schedule 子句分配任务的方式有以下几种：static、dynamic、guided、runtime。

（1）static 方式是指定任务块的大小，将任务块按顺序静态地分给子线程，默认为平均分配。

（2）dynamic 方式是指定任务块的大小，将任务块按顺序动态地分给子线程，先完成的子线程优先分配任务，默认块的大小为 1。

（3）guided 方式与 dynamic 方式类似，但是分配的迭代次数是依次递减的，初始大小是迭代次数/线程数，之后的大小为剩余迭代次数/线程数，默认大小为 1。

（4）runtime 方式是指将分配的决定推迟到运行的时候，通过环境变量 OMP_SCHEDULE 来决定分配任务。

工作共享末尾隐含一个同步障碍，也就是说每个子线程必须都运行到同步障碍处，系统才能运行之后的程序，代码清单 5-4 显示了一个隐含的同步障碍示例。

代码清单 5-4

```
int main()
{
    #pragma omp parallel num_threads(4)
    {
        #pragma omp for
        for (int i = 0; i < 3; i++)
        {
            printf("first for loop\n");
        }
        #pragma omp for
```

```
                for (int j = 0; j < 3; j++)
                {
                    printf("second for loop\n");
                }
        }
    }
```

运行上述代码，可以看到如下输出结果：

first for loop

first for loop

first for loop

second for loop

second for loop

second for loop

由输出结果可以看出，第一个 for 循环运行完之后，再运行第二个 for 循环。假如在第一个并行指令后加上 nowait 子句，即把 ♯pragma omp for 改成 ♯pragma omp for nowait，然后运行代码，就会看到如下结果：

first for loop

first for loop

second for loop

first for loop

second for loop

second for loop

由上述结果可以看到，第一个 for 循环没有运行完，就运行了第二个 for 循环。可见使用 nowait 子句可以有效地去除不必要的同步障碍，使得计算进一步加快。

2. sections 指令

sections 指令用于非迭代计算，且可嵌套 section 指令。每个 section 指令代码只由一个线程执行一次。与 for 指令相同，sections 指令可以与 parallel 指令复合使用，sections 指令的形式如下：

```
♯pragma omp [parallel] sections [clause]
{
♯pragma omp section
    structured-block
♯pragma omp section
    structured-block
    ...
}
```

代码清单 5-5 显示了 sections 指令的用法。

代码清单 5-5

```
int main()
{
    # pragma omp parallel num_threads(4)
    {
        # pragma omp sections
        {
            # pragma omp section
            printf("section 0, id=%d\n", omp_get_thread_num());
            # pragma omp section
            printf("section 1, id=%d\n", omp_get_thread_num());
        }
        # pragma omp sections
        {
            # pragma omp section
            printf("section 2, id=%d\n", omp_get_thread_num());
            # pragma omp section
            printf("section 3, id=%d\n", omp_get_thread_num());
        }
    }
}
```

运行以上代码，将会输出以下结果：

```
section 0, id=0
section 1, id=1
section 2, id=3
section 3, id=1
```

代码清单 5-5 所示代码中含有两个 sections 指令，由于工作共享末尾隐含一个同步障碍，必须要等所有线程运行到同步障碍处系统才能进行之后的操作，因此两个 sections 指令操作是串行执行的，运行完第一个 sections 指令内容后才能运行第二个 sectons 指令，而 sections 指令中各个 section 指令的内容是并行执行的。通过代码清单 5-5 所示程序可以看出，sections 指令相当于人工划分并行操作，因此并行效率的高低取决于人工划分的好坏。

3. single 指令

single 指令是单线程执行指令。single 指令所包含的代码块只有一个线程来执行，其指令形式如下：

```
# pragma omp single [clause]
{
    structured-block
}
```

代码清单 5-6 显示的是一个使用 single 指令的例子。

```
代码清单 5 - 6

    int main()
    {
        # pragma omp parallel num_threads(4)
        {
            # pragma omp single
            printf("single task1\n");
            printf("parallel task\n");
            # pragma omp single
            printf("single task2\n");
        }
    }
```

运行以上代码，可以得到如下结果：

　　single task1

　　parallel task

　　parallel task

　　parallel task

　　parallel task

　　single task2

从上述结果中可以看到并行任务被 4 个线程各执行了一次，而 single 指令后面的单一任务只被单一线程执行。

5.3.3　同步操作

由于 OpenMP 提供多线程并行操作的功能，可能会出现数据竞争问题，即两个线程对同一个变量进行操作，因此 OpenMP 需要解决线程的同步问题。为了现实同步，OpenMP 提供了一些指令和函数，下面分别介绍它们。

1. master 指令

master 指令用于指定代码块由主线程来执行，指令形式如下：

　　# pragma omp master

　　{structured-block}

master 指令和 single 指令类似，都是指定一个线程来运行所包含的代码块，不同的是 single 指令所指定的线程为任意子线程，而 master 指令指定的线程为主线程。控制线程可以有效解决线程不同步问题，代码清单 5 - 7 显示了 master 指令的用法。

```
代码清单 5 - 7

    int main()
    {
        # pragma omp parallel num_threads(6)
        {
            # pragma omp master
            printf("master task1, id=%d\n", omp_get_thread_num());
```

```
            printf("parallel task, id＝%d\n", omp_get_thread_num());
            ＃pragma omp master
            printf("master task2, id＝%d\n", omp_get_thread_num());
        }
    }
```

运行以上代码，可以得到如下结果：

```
master task1, id＝0
parallel task, id＝1
parallel task, id＝3
parallel task, id＝5
parallel task, id＝4
parallel task, id＝2
parallel task, id＝0
master task2, id＝0
```

主线程的线程编号为 0，从上述运行结果中可以看到，两个 master 指令包含的代码块都由主线程执行，而其余的代码块是分配给不同的子线程来执行的。

2. critical 指令

critical 指令指定了一个临界区域。该区域一次只能有一个线程运行，当一个线程在 critical 指定的临界区域里运行时，之后到达该区域的进程将被阻塞直到第一个线程运行完退出区域。critical 指令形式如下：

```
＃pragma omp critical [(name)]
{structured-block}
```

3. barrier 指令

barrier 指令用来设置同步障碍点，先完成计算的线程到达障碍点后需要等待所有线程都到达障碍点后，系统才能继续执行之后的运算。barrier 指令形式如下：

```
＃pragma omp barrier
```

4. atomic 指令

atomic 指令与 critical 指令类似，critical 指令所包含的代码块大小可以是任意的，而 atomic 指令所包含的代码只能是单条语句。atomic 指令形式如下：

```
＃pragma omp atomic
{expression-statement}
```

这里的单条语句可以是赋值语句或者是自加自减语句等。

5. flush 指令

flush 指令用来保证所有线程数据的内存视图一致。flush 指令形式如下：

```
＃pragma omp flush
```

6. ordered 指令

ordered 指令指定循环按照串行顺序执行。ardered 指令形式如下：

```
＃pragma omp ordered
{structured-block}
```

7. 锁函数

除了使用上述指令外,如 critical 指令以及 atomic 指令实现互斥操作,OpenMP 还提供了一些锁函数(见表 5-3)来解决同步问题。锁函数同样起到保护代码运行的作用,且使用更加灵活方便。代码清单 5-8 中展示了锁函数的基础用法。

代码清单 5-8

```
int main()
{
    omp_lock_t lock;
    omp_init_lock(&lock);
    int x = 0;
    #pragma omp parallel
    {
        omp_set_lock(&lock);
        x += 1;
        printf("thread id=%d, x=%d\n", omp_get_thread_num(), x);
        omp_unset_lock(&lock);
    }
    omp_destroy_lock(&lock);
}
```

运行上述代码,可以得到如下结果:

```
thread id=0, x=1
thread id=2, x=2
thread id=1, x=3
thread id=4, x=4
thread id=3, x=5
thread id=5, x=6
thread id=7, x=7
thread id=6, x=8
```

由上述结果可以看到,"x"的值是按顺序增加的。运用了锁函数之后,同一时间内,只有一个线程可以运行锁函数保护的代码,因此"x"的值是按顺序增加的,如果去掉锁函数,运行结果如下:

```
thread id=0, x=1
thread id=3, x=4
thread id=4, x=5
thread id=5, x=6
thread id=6, x=7
thread id=7, x=8
thread id=1, x=2
thread id=2, x=3
```

由运行结果可以看到"x"的值不是按顺序增加的,因为失去了锁函数的保护,有可能会有多个线程同时运行。此时程序也容易出错。代码清单 5-8 的代码运用到了 omp_init_

lock、omp_set_lock、omp_unset_lock、omp_destroy_lock 4 个锁函数，且锁函数的参数应
具有 omp_lock_t 类型（omp_lock_t 是 OpenMP 提供的基本锁类型。）。omp_init_lock 和
omp_destroy_lock 分别对锁进行初始化和释放，omp_set_lock、omp_unset_lock 用来控制
线程运行，如果当前锁可用，就允许该线程运行且加上锁，其余线程无法运行，运行线程运
行完后再解除锁。

5.3.4 数据环境

由于 OpenMP 提供的是多线程并行运行，因此其数据环境就尤为重要。数据的私有和
共享以及数据的赋值操作是值得关注的内容。OpenMP 提供了一个编译器指令以及若干子
句来控制数据环境。

1. threadprivate 指令

threadprivate 指令用来指定一个全局变量，每个线程都可对这个变量进行拷贝，每个
线程拷贝的变量对其他线程来说是不可见的。threadprivate 指令形式如下：

♯pragma omp threadprivate

代码清单 5-9 展示了 threadprivate 指令的作用。

```
代码清单 5-9
    int y = 0;
    int x = 0;
    #pragma omp threadprivate(y)
    int main()
    {
        #pragma omp parallel num_threads(3)
        {
            x++;
            printf("x=%d, id=%d\n", x, omp_get_thread_num());
        }
        #pragma omp parallel num_threads(3)
        {
            y++;
            printf("y=%d, id=%d\n", y, omp_get_thread_num());
        }
    }
```

运行上述代码，可以得到以下结果：

    x=1, id=0
    x=2, id=1
    x=3, id=2
    y=1, id=0
    y=1, id=1
    y=1, id=2

从上述结果中可以看出，"x"的值经过三个线程的运行之后变为了 3，而通过

threadprivate 语句定义"y"之后，每个线程拷贝了"y"，每个线程中的"y"都是无关的，所以每个输出的"y"的值都为1。

2. 子句

表 5－2 中已经列出了控制数据环境的子句。这里对部分子句进行介绍。

1) private

private 子句是用来声明私有变量，这些变量对于每个线程来说都是私有的。private 子句形式如下：

> private(variable_list)

2) firstprivate/lastprivate

firstprivate 子句是在 private 子句的基础上，继承一次主体线程中同名变量的初值，即 firstprivate 子句是对 private 子句的一个扩充。firstprivate 子句声明的私有变量是通过赋予并行域前的原始变量的值来进行初始化的。lastprivate 子句同样是对 private 子句的一个扩充，lastprivate 子句会将并行迭代之后的值赋值给原始同名变量。子句形式如下：

> firstprivate/lastprivate(variable_list)

代码清单 5－10 给出了一个包含 firstprivate 以及 lastprivate 子句的综合例子。

代码清单 5－10

```
int main()
{
    int a = 10;
    #pragma omp parallel for firstprivate(a), lastprivate(a)
    for(int i=0; i<3; i++)
    {
        a += i;
        printf("a=%d\n", a);
    }
    printf("final a=%d\n", a);
}
```

运行上述代码，可以得到以下结果：

> a=11
> a=10
> a=12
> final a=12

从上述结果中可以看到，firstprivate 子句将并行域前的原始变量"a"的值赋值给了并行域中的变量"a"。如果将代码中的 firstprivate 子句去掉，程序就会报错，显示没有初始化变量 a；同样如果将 lastprivate 子句去掉，运行结果就会发生变化，显示为"final a＝10"，也就是没有把并行迭代计算后的结果赋值给原始同名变量。

3) shared

shared 子句是用来声明共享变量的。子句形式为 shared(variable_list)。子句所声明的变量是所有线程共享的。

4) default

default 子句是用来设置数据共享属性的，子句形式为 default(shared|none)。子句的默认参数是 shared。如果参数设置为 none，线程中的变量就需要明确指定为私有或者共享。

5) copyin

copyin 子句用于为每个 threadprivate 变量赋予相同值。子句形式为 copyin(variable_list)。

6) copyprivate

copyprivate 子句可以将一个私有变量广播到其他线程中，通常出现在 single 指令中，形式为 copyprivate(variable_list)。

7) reduction

reduction 子句对指定的变量执行指定操作，并将最终结果写入变量。子句形式为 reduction(op：variable_list)。代码清单 5-11 给出了一个 reduction 子句的具体例子。

代码清单 5-11

```
int main()
{
    int i, mul = 10;
#pragma omp parallel for reduction( * ：mul)
    for(i=1；i<5；i++)
    {
        mul  *= i；
    }
    printf("final mul=%d\n"，mul)；
}
```

运行上述代码，可以得到以下结果：

final mul=240

根据代码清单 5-11，我们可以清楚地知道，for 循环操作是在计算 4 的阶乘，因此循环操作结束后，mul 的值应该是 24。reduction 子句将结果 24 乘以原始变量的值 10，最终得到的结果为 final mul=240。

5.3.5　OpenMP 的新特性

1. task 指令

task 指令是 OpenMP 3.0 版本更新的重要特性，当一个线程运行到 task 指令时，会生成一个任务，该线程可以立即执行任务或者推迟执行任务，若推迟执行任务，则可以为任何线程分配该任务。任务的执行依赖于 OpenMP 的调度。

task 指令的形式如下：

```
#pragma omp task [clause]
{structured-block}
```

遇到 task 指令线程可以选择暂时挂起任务，默认情况下，任务和线程是绑定的，也就是说挂起的任务只能由该线程恢复。但是如果使用 untied 子句，那么团队中任何线程都能恢复该任务。OpenMP 4.5 版本中增加了 priority 子句来设置任务的优先级。OpenMP 5.0

版本中增加了 affinity 子句来指示生成任务的亲和性。

有关任务的操作，还有两个重要的指令：taskwait 指令以及 taskyield 指令。

taskwait 指令是在 task 指令之后的，用来等待前面所有的 task 指令执行完成之后，再进行之后的代码，指令形式如下：

> ♯ pragma omp taskwait [clause]

taskyield 指令用来暂停当前任务以便执行其他任务，指令形式如下：

> ♯ pragma omp taskyield

OpenMP 4.0 版本中添加了 taskgroup 指令，用来提供当前任务的子任务及其后代任务的一个等待，taskgroup 指令末尾隐含一个调度点，需要等待组内所有任务完成系统才能进行之后的操作。OpenMP 4.5 版本添加了 taskloop 指令，允许将迭代循环分配给任务。

2. simd 指令

simd 指令是 OpenMP 4.0 版本的重要更新之一。用 simd 指令可同时执行循环的多次迭代，也就是同一时间进行多次运算，从而加快计算。simd 指令形式如下：

> ♯ pragma omp simd [clause]
> 〈for loop〉

simd 指令有两个重要子句：safelen 和 aligned。safelen(len)子句用于确保编译器对 len 个向量没有循环携带依赖性，aligned(list[:alignment])子句用于声明每个列表项与子句中的参数表示的字节数对齐。

代码清单 5-12 显示的是用 simd 指令进行简单的向量运算。

代码清单 5-12

```
int main()
{
    int i;
    int a[9]={1,2,3,4,5,6,7,8,9};
    int b[9]={9,8,7,6,5,4,3,2,1};
    int c[9]={1,3,5,7,9,8,6,4,2};
# pragma omp parallel for simd
    for (i=0; i<9; i++)
    {
        a[i] = a[i] + b[i] * c[i];
        printf("i:%d, id:%d \n", i, omp_get_thread_num());
    }
}
```

使用 simd 指令可以同一时间运行多次迭代，从而有效地加快计算。

3. 设备指令

设备指令同样是 OpenMP 4.0 版本的重要更新之一，它通过一些指令和子句来控制执行异构计算。设备指令主要有：

（1）target 指令：创建设备数据环境，将变量映射到设备数据环境并在该设备上执行。target 指令形式如下：

> ♯ pragma omp target [clause]

〈structured-block〉

（2）target data 指令：和 target 指令类似，针对目标区域创建设备数据环境，将变量映射到设备数据环境。target data 指令可以涵盖多个 target 代码块，多个 target 代码块能够共享设备数据环境，因此利用 target data 指令可以减少数据传输的资源消耗。targetdata指令形式如下：

　　　# pragma omp target data［clause］

　　　〈structured-block〉

（3）declare target 指令和 end declare target 指令：用来声明在指定设备上运行的变量和函数。两个指令形式如下：

　　　# pragma omp declare target

　　　〈Variables/ functions…〉

　　　# pragma omp end declare target

（4）target update 指令：通过子句 to、from 来同步主机和设备数据。该指令形式如下：

　　　# pragma omp target update

（5）teams 指令：用来组建线程团队，每个团队的主线程执行并行域。该指令形式如下：

　　　# pragma omp teams［clause］

　　　〈structured-block〉

（6）distribute 指令：将循环迭代分配给不同的线程团队中的主线程。该指令形式如下：

　　　# pragma omp distribute［clause］

　　　〈for loop〉

////// 5.4　案例分析：OpenMP 并行实现矩阵乘法

本节介绍 OpenMP 的一个实际应用，即并行实现矩阵乘法，通过比较普通矩阵乘法和运用 OpenMP 后的矩阵乘法，来比较分析 OpenMP 的作用以及并行化的效果。

代码清单 5-3 所示为普通矩阵乘法的程序。

代码清单 5-13

```
void matrix_multiply(int a[A_row][A_col], int b[B_row][B_col], int c[A_row][B_col], \
            int a_row, int a_col, int b_row, int b_col)
{
    if (a_col ! = b_row)
    {
        printf("Matrix can not be multiplied!");
    }
    for (int i = 0; i < a_row; i++)
        for (int j = 0; j < b_col; j++)
        {
```

```
            int sum = a[i][0] * b[0][j];
                for (int k = 1; k < a_col; k++)
                sum += a[i][k] * b[k][j];
                c[i][j] = sum;
        }
    }
```

matrix_multiply 函数用来执行矩阵相乘，从上述代码中可以看到函数中出现了三个 for 循环，这就大大增加了函数的计算量，增加了函数运行时间。用 OpenMP 进行并行操作可缩短函数运行时间。当然有许多算法可以减少矩阵乘法的时间复杂度，这里为了验证使用 OpenMP 的效果，因此使用了矩阵乘法原理来进行一般化的矩阵乘法运算。接下来看一下两种矩阵乘法的比较代码，完整代码如代码清单 5 - 14 所示。

代码清单 5 - 14

```
# define A_row 1000
# define A_col 1000
# define B_row 1000
    # define B_col 1000
int a[A_row][A_col];
int b[B_row][B_col];
int c[A_row][B_col];
void matrix_init()
{
# pragma omp parallel for num_threads(4)
    for (int i = 0; i < A_row; i++)
    {
        for (int j = 0; j < A_col; j++)
        {
            srand(i+j);
            a[i][j] = rand();
        }
    }
# pragma omp parallel for num_threads(4)
    for (int i = 0; i < B_row; i++)
    {
        for (int j = 0; j < B_col; j++)
        {
            srand(i+j);
            b[i][j] = rand();
        }
    }
}
void matrix_multiply_parallel(int a[A_row][A_col], int b[B_row][B_col], \
int c[A_row][B_col], int a_row, int a_col, int b_row, int b_col)
```

```
{
    if (a_col != b_row)
    {
        printf("Matrix can not be multiplied!");
    }
# pragma omp parallel for num_threads(8)
    for (int i = 0; i < a_row; i++)
        for (int j = 0; j < b_col; j++)
        {
            int sum = a[i][0] * b[0][j];
            for (int k = 1; k < a_col; k++)
            sum += a[i][k] * b[k][j];
            c[i][j] = sum;
        }
}
void matrix_multiply(int a[A_row][A_col], int b[B_row][B_col], int c[A_row][B_col], \
int a_row, int a_col, int b_row, int b_col)
{
    if (a_col ! = b_row)
    {
        printf("Matrix can not be multiplied!");
    }
    for (int i = 0; i < a_row; i++)
        for (int j = 0; j < b_col; j++)
        {
            int sum = a[i][0] * b[0][j];
            for (int k = 1; k < a_col; k++)
            sum += a[i][k] * b[k][j];
            c[i][j] = sum;
        }
}
int main()
{
    clock_t t1 = clock();
    matrix_multiply(a, b, c, A_row, A_col, B_row, B_col);
    clock_t t2 = clock();        matrix_init();
    clock_t t3 = clock();
    matrix_multiply_parallel(a, b, c, A_row, A_col, B_row, B_col);
    clock_t t4 = clock();
    printf("without parallel time:%d\nwith parallel time:%d\n", (t2 - t1), (t4 - t3));
}
```

代码清单 5-14 所示代码中，matrix_multiply 函数用来进行普通矩阵乘法运算，

matrix_multiply_parallel 是 OpenMP 中进行并行化矩阵乘法的函数，这里使用了 clock 函数来分别计算普通矩阵乘法和并行矩阵乘法的运行时间。运行这段代码，可以得到如下结果：

without parallel time：3989

with parallel time：1458

由于矩阵维数过小，运行时间过少，无法体现并行运算的优势，因此上述代码采用了 1000 维的矩阵，为了方便起见，默认两个矩阵是相同大小的方阵。从运行结果中可以观察到，使用了 OpenMP 之后，运行时间由 3989 ms 降为 1458 ms。并行运行时间大约只有串行运行时间的 1/3。由此可见，并行化操作对于循环迭代操作具有很好的加速效果。

接下来观察子线程数对加速效果的影响。首先将矩阵维数固定为 1000 维，然后改变子线程个数来观察 OpenMP 的加速效果，每个子线程数进行三次实验，结果如表 5-5 所示。

表 5-5　子线程数对加速效果的影响(单位：ms)

线程数	1	2	3	4	5	6
第一次实验运行时间	4505	2319	1689	1507	1558	1483
第二次实验运行时间	3659	2015	1461	1446	1414	1419
第三次实验运行时间	3993	2105	1728	1756	1590	1592
平均运行时间	4052	2146	1626	1570	1521	1498

由表 5-5 可以看到，OpenMP 的加速效果十分明显。这里再考虑矩阵维数对加速效果的影响，首先将线程数固定为 4，然后改变矩阵的大小。表 5-6 中展示了不同矩阵大小的加速效果。

表 5-6　矩阵维数对加速效果的影响（单位：ms）

矩阵维数	10	100	250	500	750	1000	1500	2000
串行运行时间	0	4	59	388	1489	3640	21 998	67 040
并行运行时间	1	1	19	123	419	1412	7506	22 920

由表 5-6 可以看到，在矩阵维数过小的时候，串行反而比并行快，因为线程的创建和切换等需要消耗时间，而矩阵维数过小时，本身运算时间较少，相比来说，线程的创建和切换消耗的时间就比较多，因此反而减慢了运算速度，但当矩阵维数增加以后，OpenMP 并行的加速效果就体现出来了。

参 考 文 献

［1］　帕切克 P S. 并行程序设计导论[M]. 邓倩妮，等译. 北京：机械工业出版社，2013.

［2］　雷洪. 多核异构并行计算 OpenMP 4.5 C/C＋＋篇[M]. 北京：冶金工业出版社，2018.

［3］　奎因，陈文光，武永卫. MPI 与 OpenMP 并行程序设计：C 语言版[M]. 北京：清华大学出版社，2004.

［4］　周伟明. 多核计算与程序设计[M]. 武汉：华中科技大学出版社，2009.

第6章
基于 CUDA 的 GPU 并行编程

GPU 并行编程是一种利用图形处理器(Graphic Processing Unit)的并行计算能力来加速计算任务的编程技术。GPU 是一种专门用于处理图形和图像的硬件设备,具有大量的并行处理单元和高带宽的内存,适用于并行计算。GPU 并行编程主要用于图形渲染和通用计算,其中通用计算包括科学计算、数据分析、机器学习等。CUDA 是 NVIDIA 公司推出的一种并行计算平台和应用程序编程接口(API),它允许用标准 C 语言进行 GPU 代码编程。这个代码既适用于 CPU,也适用于 GPU。CPU 负责派生出运行在 GPU 处理器上的多线程任务(CUDA 称其为内核),从而实现 GPU 加速处理,这种方法称为 GPU 上的通用计算(GPGPU)。本章将详细介绍基于 CUDA 的 GPU 并行编程方法。

6.1　GPU 并行计算

6.1.1　GPU 并行计算简介

GPU 并行计算主要涉及利用图形处理器(GPU)的并行计算能力来加速计算任务的处理速度。GPU,作为一种专门用于处理图形数据的处理器,具有大量的处理核心,非常适合执行并行计算任务。在编程方面,GPU 并行计算通常涉及特定的编程语言和工具,如 CUDA(由 NVIDIA 开发)或 OpenCL,这些工具允许程序员直接利用 GPU 的计算能力,编写能够在 GPU 上运行的并行计算程序。

近年来,随着技术的进步,GPU 并行编程的实践和应用场景越来越广泛。例如,使用 Bend 这样的高级编程语言进行 GPU 编程,可使得非专业的程序员也能利用 GPU 的并行计算能力,而无须深入了解底层的 CUDA 或 OpenCL 编程细节。Bend 语言采用了 Python 语法,其具有快速对象分配、完全闭包支持的高阶函数、无限制递归等特性,使得编写并行代码变得更加容易和直观。这种高级语言的出现,极大地降低了 GPU 并行编程的门槛,使得更多的开发者能够利用 GPU 的计算能力来加速他们的应用。

在实际应用中,GPU 并行编程技术被广泛应用于科学计算、数据分析、机器学习等领域。例如,在机器学习中,利用 GPU 进行并行训练可以显著加快模型训练的速度,提高研发效率。此外，GPU 并行编程还涉及多种并行计算模式，如模型并行和数据并行，前者将模型的不同部分分配给不同的 GPU 进行处理，后者则将数据分割后在多个 GPU 上同时进行处理。GPU 并行编程技术使得一台机器上安装多个 GPU 时，能够通过并行计算显著提升计算效率和性能。

总地来说，GPU 并行编程技术的发展和应用，不仅提高了计算效率和性能，还拓宽了 GPU 的应用领域，使得更多的计算任务能够利用 GPU 获得加速处理。

6.1.2 GPU 并行计算的优势

在价格和功率范围相似的情况下，GPU 提供的指令吞吐量和内存带宽远高于 CPU。许多应用程序在 GPU 上运行的速度比在 CPU 上更快。其他计算设备（如 FPGA）也非常节能，但提供的编程灵活性远低于 GPU。GPU 和 CPU 之间存在这种功能差异，是因为它们的设计目标不同。CPU 旨在以尽可能快的速度执行一系列操作（称为线程），并且可以并行执行几十个这样的线程，而 GPU 旨在并行执行数千个线程（分摊较慢的单线程性能以实现更高的吞吐量）。

GPU 专门用于高度并行的计算，因此设计时将更多晶体管用于数据处理，而不是进行数据缓存和流控制。GPU 可以通过计算隐藏内存访问延迟，而不必依赖大型数据缓存和复杂的流控制来避免较长的内存访问延迟（这两者都需要耗费大量的晶体管）。

在没有 GPU 之前，基本上所有的任务都是交给 CPU 来做的。有 GPU 之后，二者就进行了分工，CPU 负责逻辑性强的事务处理和串行计算，GPU 则专注于执行高度线程化的并行处理任务（大规模计算任务）。GPU 并不是一个独立运行的计算平台，而需要与 CPU 协同工作，它可以看成 CPU 的协处理器，因此当我们说 GPU 并行计算时，其实是指基于 CPU+GPU 的异构计算。

6.1.3 CUDA：一种通用并行计算平台及编程模型

多核 CPU 和众核 GPU 的出现意味着主流处理器芯片都是并行系统。目前主要挑战在于开发透明的扩展其并行性以利用不断增加的处理器核心数量的应用软件，就像 3D 图形应用程序透明地将其并行性扩展到具有广泛不同核心数量的众核 GPU 上一样。

CUDA 并行编程模型旨在攻克这一挑战，同时为熟悉标准编程语言（如 C）的程序员降低学习难度。其核心是三个关键抽象——线程组层次结构、共享内存和同步障碍。这些抽象提供了细粒度数据并行性和线程并行性（嵌套在粗粒度数据并行性和任务并行性中）。它们指导程序员将问题划分为可以由线程块独立并行解决的粗略子问题，并将每个子问题划分为可以由块内的所有线程并行协作解决的更精细的部分。

这种划分通过允许线程在解决每个子问题时进行协作来实现并行计算，同时实现自动扩展。实际上，每个线程块都可以在 GPU 内任何可用的多处理器上以任何顺序、并发或顺序进行调度，因此编译后的 CUDA 程序可以在任意数量的多处理器上执行，并且只有运行时系统才需要知道多处理器的数量。GPU 是围绕流处理器（Streaming Multiprocessors,

SM）阵列构建的(具体请参阅 GPU 硬件架构)。多线程程序被划分为彼此独立执行的线程块，因此具有更多多处理器的 GPU 将自动比具有较少多处理器的 GPU 在更短的时间内执行程序。

这种可扩展的编程模型允许 GPU 架构通过简单地扩展多处理器和内存分区的数量来产生各种 GPU 产品，如从高性能"发烧友级"的 GeForce GPU 到专业 Quadro 和 Tesla 计算产品，再到各种廉价的主流 GeForce GPU。

6.1.4　GPU 的硬件结构

GPU 的硬件结构与 CPU 的硬件结构有很大区别，图 6-1 显示了一个位于 PCI-E 总线另一侧的多 GPU 系统。从图中可以看出，GPU 的硬件由以下几个关键模块组成：

（1）内存（包含全局内存、常量内存、共享内存）；

（2）流式多处理器（SM）；

（3）流处理器（SP）。

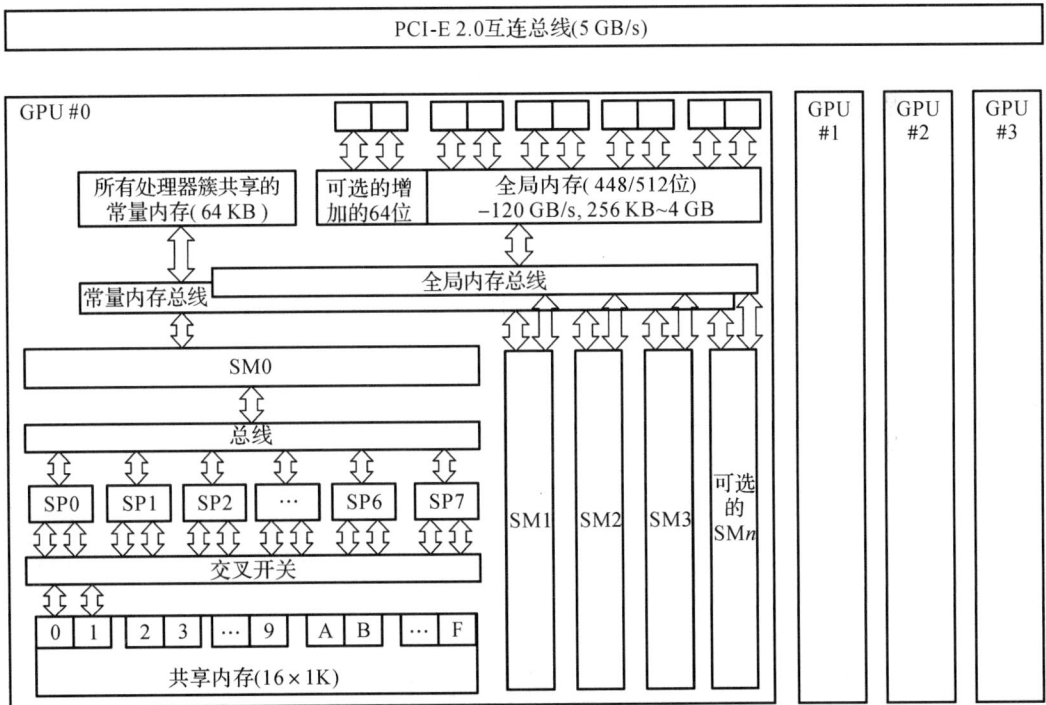

图 6-1　GPU(G80/GT200)卡的组成模型

这里要注意的是，GPU 实际上是一个 SM（流式多处理器）阵列，每个 SM 都有 N 个核，如图 6-2 所示（G80 和 GT200 中有 8 个 SP，费米架构中有 32～48 个 SP，开普勒架构中有 192 个 SP）。处理器具有可拓展性的关键在于，一个 GPU 设备包含一个或者多个 SM。如果向设备中增加更多的 SM，GPU 就可以在同一时刻处理更多的任务，或者对于同一任务，如果有足够的并行性，GPU 就可以更快地完成处理。

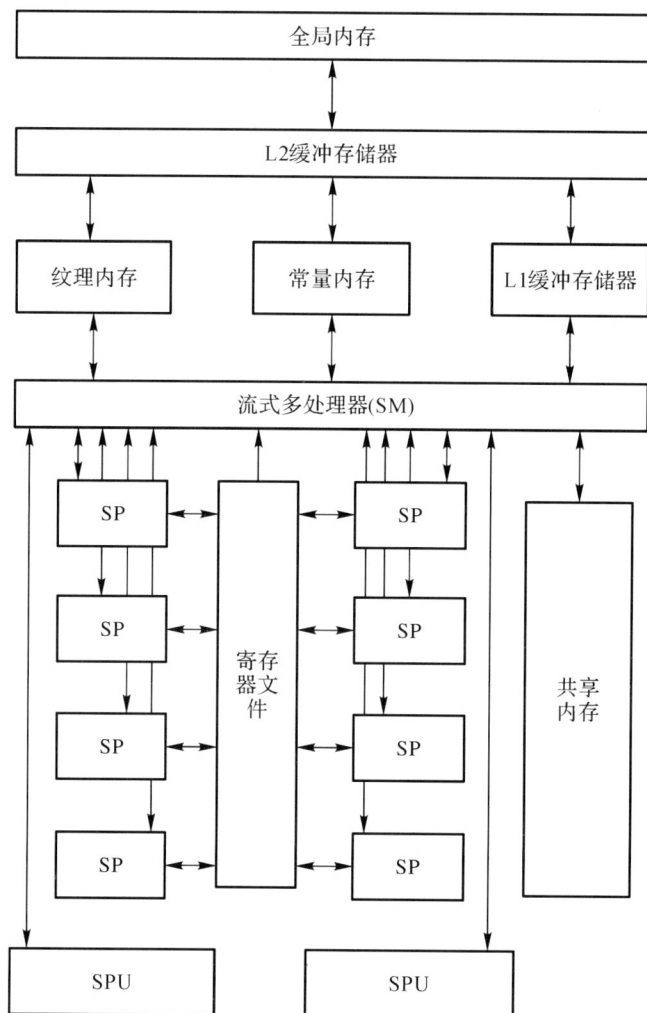

图 6-2 SM 内部组成结构图

　　GPU 中每个 SM 分别设置有总线独立访问其纹理内存、常量内存和全局内存以及一级 (L1)缓存。纹理内存是针对全局内存的一个特殊视图，用来存储插值计算所需的数据，例如：显示 2D 或者 3D 图像时所需要的查找表。它具有基于硬件插值的特殊功能。

6.2 基于 CUDA 的异构并行计算

6.2.1 CPU＋GPU 异构计算

　　如前所述，GPU 并行计算实际上是 CPU＋GPU 的异构并行计算，事实上，CPU 与 GPU 协同是实现高性能计算的必要条件。将应用程序的计算密集型部分装载到 GPU 上，而其余代码仍然在 CPU 上运行的方式，结合了 CPU 和 GPU 的最佳特性以实现高性能计算，并避免了两个处理单元的空闲时间。

CPU 和 GPU 处理任务的方式有很大差异。CPU 由几个针对顺序串行处理优化的内核组成，而 GPU 具有大规模并行架构，由数千个更小、更高效的内核组成，旨在同时处理多个任务。在 GPU 上解决计算问题原则上类似于使用多个 CPU 解决问题。计算任务必须拆分为小任务，其中每个任务由单个 GPU 内核执行。GPU 内核之间的通信由 GPU 芯片上的内部寄存器和内存处理。一个典型的 CPU+GPU 异构计算节点包括两个多核 CPU 插槽和两个或者更多个的众核 GPU，并通过 PCI-E 总线与基于 CPU 的主机相连（如图 6-3 所示）。

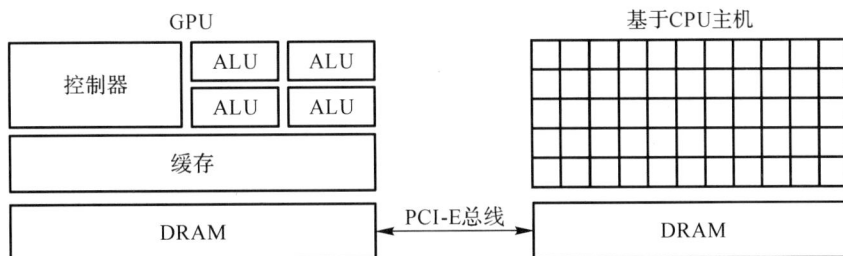

图 6-3　GPU 与基于 CPU 主机的连接

一个异构并行应用程序（也称异构程序）包括两个部分，主机代码和设备代码。主机代码在 CPU 上运行，设备代码在 GPU 上运行。异构程序通常由 CPU 初始化，在设备端加载密集型任务之前，CPU 负责管理设备端的环境、代码和数据。

在计算密集型应用程序中，往往有很多并行运行的程序段。GPU 就是用来提高这些程序被并行运行的速度。当使用 CPU 上的一个与其物理上分离的硬件组件来提高应用中的计算密集部分的执行速度时，这个组件就成为一个硬件加速器。GPU 可以说是最为常见的硬件加速器。

6.2.2　异构计算平台 CUDA

CUDA 是一种通用的并行计算平台和编程模型，它利用 NVIDIA GPU 中的并行计算引擎来有效地解决复杂的计算问题。使用 CUDA，可以在 CPU 上通过 GPU 来进行计算。

CUDA 编程可以通过 CUDA 加速库、编译器指令、应用编程接口及行业标准程序语言的扩展（包括 C、C++、Python 等）来实现。CUDA C 是标准 ASNI C 语言的一个扩展，它带有的少数语言扩展功能使异构编程变为可能，同时 CUDA C 也可以通过 API 来管理设备、内存和其他任务。

CUDA 提供了两层 API 来管理 GPU 设备和组织线程，即 CUDA 驱动 API 和 CUDA 运行时 API。驱动 API 是一种低级 API，它相对来说较难编程，但是它为 GPU 设备提供了更多的控制。运行时 API 是一个高级 API，是在驱动 API 的上层实现的。每一个运行时 API 函数都会被分解成多个并传给驱动 API 的基本运算。

一个 CUDA 程序包含两个部分的混合，在 CPU 上运行的主机代码和在 GPU 上运行的设备代码。NVIDIA 的 CUDA 编译器在编译过程中将代码从主机代码中分离出来。如图 6-4 所示，CPU 的主机代码是标准的 C 代码，使用 C 编译器进行编译。设备代码，即 GPU 代码也就是核函数，使用扩展的带有标记数据并行函数关键词的 CUDA C 语言编写。设备代码通过 CUDA 编译器进行编译。

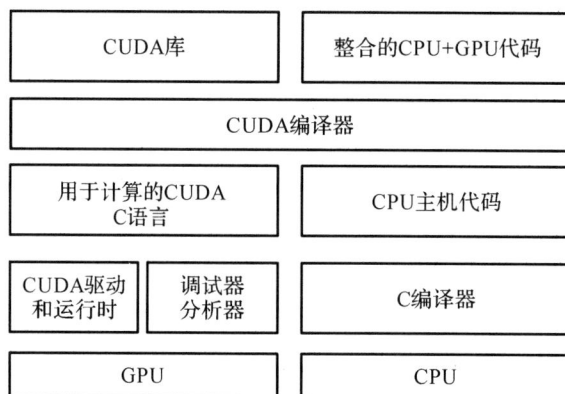

图 6-4 CUDA 程序及其编译过程

6.3 CUDA 并行编程

6.3.1 用 GPU 输出 Hello World

本节我们通过示例来学习 CUDA 并行编程。我们编写的 GPU 上的第一个程序是输出字符串"Hello World"。

首先,在 Linux 操作系统中,使用以下命令来检查 CUDA 编译器是否正常安装:

```
$ which nvcc
```

通常可能的结果是:

```
/usr/local/cuda/nvcc
```

该结果表明 nvcc 编译器已经正常安装,且其可执行文件位于/usr/local/cuda/nvcc 目录下。

接着,检查机器上是否安装了 GPU 加速卡,即在 Linux 操作系统上使用以下命令:

```
$ ls -1 /dev/nv*
```

通常的结果是:

```
crw-rw-rw- 1 root root   195, 0 Nov 23 01:14 /dev/nvidia0
crw-rw-rw- 1 root root   195, 1 Nov 23 01:14 /dev/nvidia0
crw-rw-rw- 1 root root   195, 255 Nov 23 01:14 /dev/nvidiact1
crw-rw---- 1 root root   10, 144 Nov 23 01:14 /dev/nvram
```

在这个例子中,机器拥有两张 GPU 计算卡。通过以下几个步骤,我们可以编写第一个 CUDA 程序:

(1) 用专有扩展名".cu"来创建一个源文件;

(2) 使用 CUDA nvcc 编译器来编译程序;

(3) 从命令行运行可执行文件,这个文件又可以在 GPU 上运行内核程序。

然后,我们编写一个 C 语言程序来输出"Hello World",如下所示:

```
#include <stdio.h>
int main(void)
{
```

```
        printf("Hello World from CPU! \n");
    }
```

把代码保存在 hello. cu 中，最后使用 CUDA nvcc 编译器来编译(CUDA nvcc 编译器和 gcc 编译器及其他编译器有相似的语义)：

```
    $ nvcc hello. cu -o hello
```

如果运行上述命令可执行文件 hello. cu，输出结果为

```
    Hello World from CPU!
```

接下来我们编写一个内核程序，命名为 helloFromGPU，它用来输出字符串"Hello World from GPU!"。该内核程序为

```
    __global__ void helloFromGPU(void)
    {
        printf("Hello World from GPU! \n");
    }
```

修饰符__global__，表示这个函数会从 CPU 中调用，然后在 GPU 上执行。用以下代码启动内核函数：

```
    helloFromGPU<<<1,10>>>();
```

其中，三重尖括号表示从主线程到设备端代码的调用。一个内核函数通过一组线程来执行，所有线程执行相同的代码。三重尖括号里的参数是执行的配置，用来说明使用多少线程来执行内核函数。在上述例子中，有 10 个 GPU 线程被调动。整个代码如代码清单 6 - 1 所示。

代码清单 6 - 1

```
# include <stdio. h>

_global_ void helloFromGPU(void)
{
    printf("Hello World from GPU! \n");
}

int main(void)
{
    # hello from cpu
    printf("Hello World from CPU! \n");

    helloFromGPU<<<1,10>>>();
    cudaDeviceReset();
    return 0;
}
```

函数 cudaDeviceReset 用来显式地释放和清空当前进程中与当前设备有关的所有资源。如下所示，在 CUDA nvcc 编译器命令行中使用- arch sm_30 进行编译：

```
    $ nvcc -arch sm_30 hello. cu -o hello
```

开关语句- arch sm_30 是编译器为 Kepler 架构生成的设备代码。运行这个可执行文件，它将输出 10 条字符串"Hello World from GPU!"，如下所示(每一条线程输出一条)：

```
$ ./hello
Hello World from GPU!
Hello World from GPU!
Hello World from GPU!
Hello World from GPU!
Hello World from GPU!
Hello World from GPU!
Hello World from GPU!
Hello World from GPU!
Hello World from GPU!
Hello World from GPU!
```

一个典型的 CUDA 编程通常包括 5 个主要步骤：

(1) 分配 GPU 内存；

(2) 从 CPU 内存中拷贝数据到 GPU 内存中；

(3) 调用 CUDA 内核函数来完成程序指定的运算；

(4) 将 GPU 中数据拷回至 CPU 内存中；

(5) 释放 GPU 内存空间。

上一个"Hello World"例子，使用了 printf，当主机调试的时候，会经常用到 printf 输出主机应用程序的状态。从 CUDA 4.0 开始，NVIDIA 在设备上支持 printf 功能。基于 CUDA 的 printf 接口，与我们在 CPU 主机上 C/C++研发中习惯使用的 printf 一样，采用相同的头文件 stdio. h。

printf 语句的使用说明：第一，printf 只能在 CUDA2.0 或者更高的版本中实现；第二，除非显式使用同步机制(cudaDeviceReset)，否则线程间没有输出顺序；第三，在内核上执行的 printf 的输出返回到主机显示前，需要使用一个固定大小的循环设备缓冲区临时存储该输出。因此，如果产生输出速度比缓冲区的处理速度快，那么新的输出会覆盖掉原有的输出。这个缓冲的大小可以用 cudaGetDeviceLimit 检索，并用 cudaSetDeviceLimit 进行设置。

以下常见事件会导致固定大小的缓冲区转回到主机并进行显示：

(1) 任何 CUDA 内核启动；

(2) 用 CUDA 主机 API 的任何同步(例如：cudaDeviceSynchronize、cudaStreamSynchronize、cudaEventSynchronize)；

(3) 任何同步内存复制，如 cudaMemcpy，否则，在 CUDA 内核中使用 printf 和在主机 C/C++中使用 printf 是一样的，即

```
__global__ void kernel(){
int tid = blockIdx. x * blockDim. * + threadIdx. x;
```

```
    printf("Hello World from GPU thread %d\n",tid);
}
```

其中 blockIdx 表示线程块索引，blockDim 表示线程块的大小（维度），threadIdx 表示线程索引。须谨防过多地使用 printf。可以使用线程和块索引来限制输出调试信息的线程，以避免过多输出线程，从而导致调试信息缓冲区超载。

代码清单 6-1 中如果将 cudaDeviceReset 移除，显然会因为缺少同步而无法显示 GPU 内核中的 printf 信息。如果在 CUDA nvcc 编译器命令行中移除设备架构标志（-arch sm_30），将无法生成可执行文件，因为未指定体系结构标志，此时 CUDA nvcc 编译器将默认计算能力为 1.0，但是计算能力为 1.0 时不支持从 GPU 调用 printf。这里值得一提的是，不同版本 CUDA 编译器在编译 CUDA 代码时，都有一个默认计算能力，CUDA6.0 及更低版本，默认计算能力为 1.0；CUDA6.5 至 CUDA8.0 版本，默认计算能力为 2.0；CUDA 9.0 至 CUDA10.2 版本，默认计算能力为 3.0；CUDA11.6 版本，默认计算能力为 5.2。

6.3.2　CUDA 编程实践

下面将通过向量加法和矩阵加法这两个简单的例子来介绍如何编写一个 CUDA 程序。

1. CUDA 编程结构

前文中提到，一个异构环境中包含多个 CPU 和 GPU，每个 CPU 和 GPU 的内存都由一条 PCI-E 总线分隔开。因此，需要注意区分以下内容。

主机：CPU 及其内存（主机内存）。

设备：GPU 及其内存（设备内存）。

为了清楚地指明不同的内存空间，在下面的例子中，主机内存中的变量以 h_为前缀，设备内存中的变量以 d_为前缀。

内核是 CUDA 编程模型的一个重要组成部分，其代码在 GPU 上并行运行。开发人员编写内核函数，并通过主机调用这些内核函数。在这种情况下，CUDA 运行时系统负责调度和管理这些内核函数在 GPU 线程上的执行。在主机上，开发人员基于应用程序数据以及 GPU 的性能定义算法功能。这样做的目的是使开发人员更专注于算法的逻辑（通过编写串行代码），且无须在创建和管理大量的 GPU 线程时深陷于繁杂的细节中。

多数情况下，主机可以独立地对设备进行操作。内核一旦被启动，管理权立刻返回给主机以释放 CPU 使之可以完成除设备上运行的并行代码所实现的其他任务。CUDA 编程模型是异步的，因此在 GPU 上的运算可以与主机-设备的通信重叠。一个典型的 CUDA 程序包括与并行代码互补的串行代码。如图 6-5 所示，串行代码（及任务并行代码）在主机 CPU 上执行，而并行代码在 GPU 上执行。主机代码采用 ANSI C 语言进行编写，而设备代码使用 CUDA C 进行编写。开发人员可以将所有的代码统一放在一个源文件中，也可以使用多个源文件来构建应用程序和库。NVIDIA 的 C 编译器（nvcc）为主机和设备生成可执行代码。

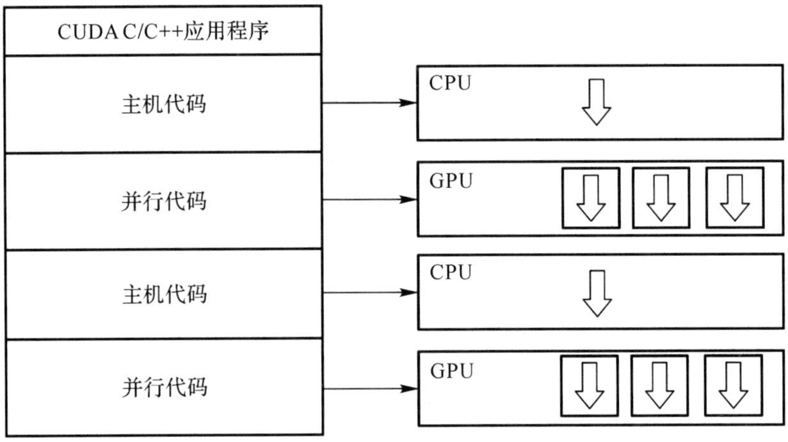

图 6-5　CUDA 程序的并行代码和串行代码

一个典型的 CUDA 程序实现流程应遵循以下模式：

（1）把 CPU 中数据拷贝到 GPU 内存中；

（2）调用内核函数对存储在 CPU 内存中的数据进行操作；

（3）将 GPU 内存中数据传回至 CPU 内存中。

2. 内存管理

CUDA 编程模型假设系统是由一个主机和一个设备组成的，两者各自拥有独立的内存。内核函数在设备上运行。为了使系统达到最佳性能并使用户有充分的控制能力，CUDA 运行时负责分配和释放设备内存，并在主机内存和设备内存之间传输数据。表 6-1 列出了标准 C 函数以及相应的 CUDA C 函数。

表 6-1　标准 C 函数与相应的 CUDA C 函数

标准 C 函数	CUDA C 函数	标准 C 函数	CUDA C 函数
malloc	cudaMalloc	memset	cudaMemset
memcpy	cudaMemcpy	free	cudaFree

用于执行 GPU 内存分配操作的是 cudaMalloc 函数，其函数原型代码是

cudaError_t cudaMalloc（void∗∗ devPtr, size_t size）

该函数负责向设备内存分配一定字节的线性内存，并以 devPtr 的形式返回指向所分配内存的指针。

cudaMemcpy 函数负责主机与设备之间的数据传输，其函数原型代码为

cudaError_t cudaMemcpy（void∗ dst, const void∗ src, size_t count, cudaMemcpyKind kind）

此函数从 src 指向的源存储区复制一定字节的数据到 dst 所指向的目标存储区，count 指的是要复制的字节数，复制的方向由 kind 指定。kind 的值可以是以下几种：cudaMemcpyHostToDevice、cudaMemcpyHostToDevice、cudaMemcpyDeviceToHost、cudaMemcpyDeviceToDevice。

cudaMemcpy 函数以同步的方式执行，因为在 cudaMemcpy 函数返回以及传输完成之前主机应用程序是阻塞的。除了内核启动之外的 CUDA 调用都会返回一个错误枚举类型 cudaError_t。如果 GPU 内存分配成功，函数返回 cudaSuccess，否则返回 cudaError

MemoryAllocation。

可以使用以下 CUDA 运行时函数将错误代码转化为可读的错误信息：

char* cudaGetErrorString(cudaError_t error)

CUDA 编程模型最显著的一个特点是存在内存层次结构。在 GPU 内存层次结构中，最主要的两种内存是全局内存和共享内存。全局内存和 CPU 的系统内存很相似，而共享内存与 CPU 的缓存类似。然而 GPU 的共享内存可以由 CUDA C 的内核函数直接控制。如图 6 - 6 所示，数组 a 的第一个元素与数组 b 的第一个元素相加，得到结果作为数组 c 的第一个元素，重复这个过程直到数组中的所有元素都进行了一次运算，代码如代码清单 6 - 2所示。

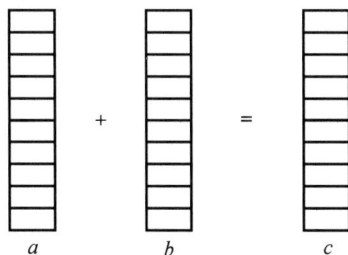

图 6 - 6　两个数组的加法运算

代码清单 6 - 2

```
#include <stdlib.h>
#include <string.h>
#include <time.h>

void sumArrays(float *A, float *B, float *C, const tint N){
    for (int idx=0; idx<N; idx++)
    {
        C[idx] = B[idx] + A[idx];
    }
}

void initialData(float *ip,int size){
    time_t t;
    srand((unsigned int)time(&t));

    for (int i=0; i<size; i++)
    {
        ip[i] = (float)(rand()&0xFF)/10.0f;
    }
}
int main(int argc, char **argv)
{
    int nElem = 1024;
```

```
        size_t nBytes = nElem * sizeof(float);
        float *h_A，*h_B，*h_C;
        h_A = (float*)malloc(nBytes);
        h_B = (float*)malloc(nBytes);
        h_C = (float*)malloc(nBytes);

        initialData(h_A,nElem);
        initialData(h_B,nElem);

        sumArrays(h_A,h_B,h_C,nElem);

        free(h_A);
        free(h_B);
        free(h_C);

        return(0);
    }
```

因为上述程序是一个纯 C 语言编写的程序，所以可以用 gcc 来编译。命令如下：

```
$ gcc sumArrays.c - o sum-std＝c99
$ ./sum
```

在使用 gcc 进行编译的时候需要说明编译标准，-std＝c99 表示 gcc 编译器使用 c99 标准完成编译。当然也可以用 nvcc 进行编译，同样要通过添加-Xcompiler -std＝c99，这里的 C 程序用 c99 标准来编译。

现在，可以在 GPU 上修改上述代码来进行数组加法计算，用 cudaMalloc 在 GPU 上申请内存：

```
        float *d_A, *d_B, *d_C;
        cudaMalloc((float**)&d_A, nBytes);
        cudaMalloc((float**)&d_B, nBytes);
        cudaMalloc((float**)&d_C, nBytes);
```

使用 cudaMemcpy 函数将数据从主机内存复制到 GPU 的全局内存中，参数 cudaMemcpyHostToDevice 指定函数复制方向，代码如下：

```
        cudaMemcpy(d_A, h_A, nBytes, cudaMemcpyHostToDevice);
        cudaMemcpy(d_B, h_B, nBytes, cudaMemcpyHostToDevice);
```

当函数被转移到 GPU 的全局内存后，主机端调用内核函数在 GPU 上进行数组求和。一旦内核被调用，控制权立刻被传回主机，这样的话，当内核函数在 GPU 上运行的时候，主机可以执行其他函数，因此内核与主机是异步的。

当内核在 GPU 上完成了所有对数组元素的操作后，其结果将以数组 d_C 的形式存储在 GPU 的全局内存中。然后调用 cudaMemcpy 函数把结果从 GPU 复制到主机的数组 gpuRef 中：

```
        cudaMemcpy(gpuRef, d_C, nBytes, cudaMemcpyDeviceToHost);
```

cudaMemcpy 函数的使用会导致主机运行阻塞。cudaMemcpyDeviceToHost 将存储在

GPU 上的数组 d_C 中的数据复制到 gpuRef 中。最后，调用 cudaFree 函数释放 GPU 的内存：

```
cudaFree(d_A);
cudaFree(d_B);
cudaFree(d_C);
```

3. 线程管理

当内核函数在主机端启动时，执行它的线程会移动到设备上，此时设备中会产生大量的线程，并且每一个线程都会执行在内核函数中定义的语句。组织线程是 CUDA 编程中的一个关键部分。CUDA 明确了线程的层次关系，如图 6 - 7 所示。图中所示的是一个两层的线程结构，由线程块和网格构成。

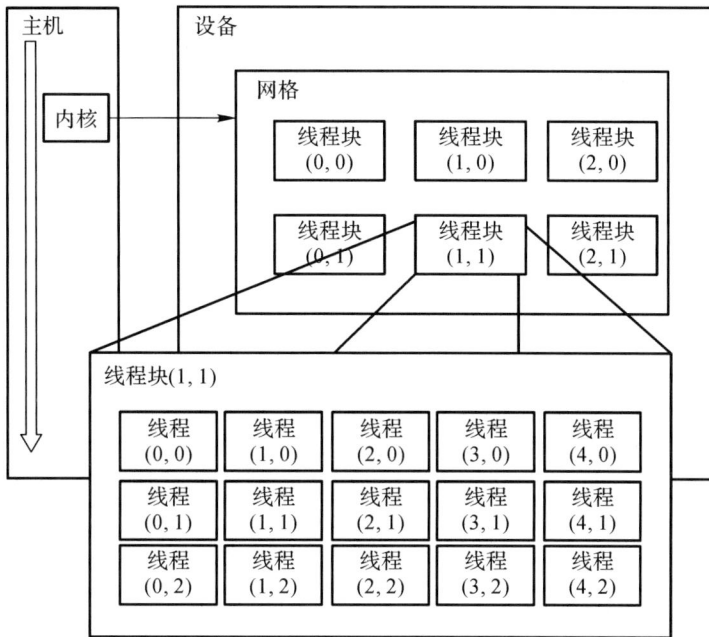

图 6 - 7　CUDA 的线程结构

由一个内核启动所产生的所有线程统称为一个网格，同一个网格中的所有线程共享相同的全局内存。一个网格由多个线程块构成，一个线程块包括一组线程，在同一个线程块内的线程协作可以通过同步或者共享内存方式来实现，但是不同线程块内的线程不能协作。

线程主要依靠 blockIdx(线程块在线程格内的索引)和 threadIdx(块内的线程索引)这两个坐标变量来区分。这些变量是内核函数中需要预初始化的内置变量。当执行一个内核函数时，CUDA 运行时为每一个线程分配 blockIdx 和 threadIdx。基于这些坐标变量，可以将部分数据分配给不同的线程。该坐标变量是一个包含 3 个无符号整数的结构，例如：通过 x、y、z 来定义 blockIdx. x、blockIdx. y、blockIdx. z(或 threadIdx. x、threadIdx. y、thread Idx. z)。

图 6 - 7 展示的结构包含二维线程块和网格。网格和线程块的维度用 blockDim(线程块的维度，用每个线程块中的线程数来表示)和 gridDim(网格的维度，用线程块的个数来表示)来表示，它们是 dim3 类型的变量，是基于 uint3 定义的整数型变量。当定义了一个

dim3 类型的变量时，所有未指定的元素都被初始化为 1。dim3 类型变量中的每个组件同样可以通过它的 x、y、z 来获得，例如：blockDim. x、blockDim. y、blockDim. z。

在 CUDA 中有两组不同的网格和线程块变量：手动定义的 dim3 数据类型和预定义的 uint3 数据类型。在主机端，作为内核调用的一部分，可以使用 dim3 数据类型定义一个网格和线程块的维度。当执行内核函数时，CUDA 运行时会产生相应的内置预初始化的网格、线程块和线程变量，它们在内核函数内均可被访问且为 uint3 类型。手动定义的 dim3 类型的网格和线程块变量仅在主机端可见，而 uint3 类型的内置预初始化的网格和线程块变量都在设备端可见。

代码清单 6-3 展示了这些变量的使用。首先定义数据大小，为了说明的方便，我们定义一个较小的数据：

    int nElem = 6；

然后，定义线程块的维度并基于块和数据的大小计算网格尺寸。我们定义了一个包含三个线程的一维线程块，以及一个基于线程块和数据大小定义的一定数量线程块的一维网格：

    dim3 block(3)；
    dim3 grid((nElem＋block. x-1)/block. x)；

可以发现，网格维度是线程块维度的倍数。以下主机端的程序用来检查网格和线程块的维度：

    printf("grid. x %d grid. y %d grid. z %d\n",grid. x, grid. y, grid. z)；
    printf("block. x %d block. y %d block. z %d\n",block. x, block. y, block. z)；

在内核函数中，每一个线程都输出自己的线程索引、线程块索引和网格索引，即

    printf ("threadidx(%d, %d, %d) blockIdx(%d, %d, %d) blockDim(%d, %d, %d)
    gridDim(%d, %d, %d)\n", threadIdx. x, threadIdx. y, threadIdx. z, blockIdx. x,
    blockIdx. y, blockIdx. z, blockDim. x, blockDim. y, blockDim. z, gridDim. x, gridDim. y,
    gridDim. z)；

代码清单 6-3

```
#include <cuda_runtime. h>
#include <stdio. h>
__global__ void checkIndex(void){
    printf("threadIdx:(%d,%d,%d) blockIdx:(%d,%d,%d) blockDim:(%d,%d,%d) gridDim:
    (%d,%d,%d)\n",threadIdx. x,threadIdx. y,threadIdx. z,blockIdx. x,blockIdx. y,blockIdx. z,
    blockDim. x,blockDim. y,blockDim. z,gridDim. x,gridDim. y,gridDim. z);
}

int main(int argc,char **argv){
    // define total data elememt
    int nElem = 6;

    // define grid and block structure
    dim3 block(3);
    dim3 grid ((nElem＋block. x-1)/block. x);
    // check grid and block dimension from host side
    printf("grid. x %d,grid. y %d,grid. z %d\n",grid. x,grid. y,grid. z);
```

```
      printf("block. x %d,block. y %d,block. z %d\n",block. x,block. y,block. z);

      // check grid and block dimension from device side
      checkIndex<<<grid,block>>>();

      // reset device before you leave
      cudaDeviceReset();

      return(0);
}
```

用以下命令编译与运行代码清单 6 - 3 所示的代码：

```
$ nvcc - arch=sm_35 checkDim. cu - o check
    $ ./check
```

运行结果如下：

```
grid. x 2 grid. y 1 grid. z 1
block. x 3 block. y 1 block. z 1
threadIdx:(0,0,0) blockIdx:(1,0,0) blockDim:(3,1,1) gridDim:(2,1,1)
threadIdx:(1,0,0) blockIdx:(1,0,0) blockDim:(3,1,1) gridDim:(2,1,1)
threadIdx:(2,0,0) blockIdx:(0,0,0) blockDim:(3,1,1) gridDim:(2,1,1)
threadIdx:(0,0,0) blockIdx:(0,0,0) blockDim:(3,1,1) gridDim:(2,1,1)
threadIdx:(1,0,0) blockIdx:(0,0,0) blockDim:(3,1,1) gridDim:(2,1,1)
threadIdx:(2,0,0) blockIdx:(0,0,0) blockDim:(3,1,1) gridDim:(2,1,1)
```

由结果可以看出，每个线程都有自己的坐标，所有的线程都有相同的线程块维度和网格维度。

对于一个给定的数据大小，确定网格和线程块维度的一般步骤是先确定线程块的维度，再根据已知的数据大小和线程块维度计算网格维度。

4. 启动一个 CUDA 内核函数

CUDA 内核调用是对 C 语言函数调用语句的延伸，<<<>>>运算符内是内核函数的执行配置，原型代码如下：

```
kernel_name<<<grid,block>>>(argument list)
```

其中第一个参数是网格维度，也就是启动线程块的数量，第二个参数是线程块维度，也就是每个线程块中线程的数量。通过指定网格和线程块的维度，可以配置内核中线程的数量和内核中线程的布局。

同一个线程块中的线程可以互相协作，不同线程块的线程无法协作。我们可以使用不同的网格和线程块布局来组织线程。如图 6 - 8 所示，现有 24 个数据元素用于计算，每 8 个元素一个线程块，需要启动 3 个线程块，即有

```
kernel_name<<<3,8>>>(argument list)
```

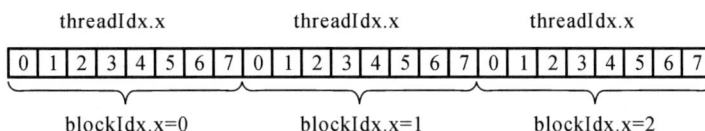

图 6 - 8　24 个数据元素的 3 个线程块

由于数组在全局内存中是线性存储的，因此可以用变量 blockIdx. x 和 threadIdx. x 来标识网格中一个唯一的线程或者建立线程和数据元素之间的映射关系。

如果把 24 个元素放在一个线程块内，那么只会得到一个线程块，即

> kernel_name $<<<1,24>>>$(argument list)

如果每个线程块只有一个元素，那么就会有 24 个线程块，即

> kernel_name$<<<24,1>>>$(argument list)

内核函数的调用与主机线程是异步的。内核函数调用结束后，控制权立刻返回给主机端。我们可以调用以下函数来强制主机端程序等待所有的内核函数执行结束：

> cudaError_t cudaDeviceSynchronize(void);

一些 CUDA 运行时 API 在主机和设备之间是隐式同步的。如使用 cudaMemcpy 函数在主机和设备之间拷贝数据时，主机端隐式同步，即主机端程序必须等待数据拷贝完之后才能继续执行程序，且之前所有的内核函数调用完成后开始拷贝数据，当拷贝完成后，控制权立刻返回给主机端。

5. 编写内核函数

内核函数是在设备端执行的代码。在内核函数中，需要一个线程规定要进行的计算以及要进行的数据访问。当内核函数被调用时，许多不同的 CUDA 线程并行执行同一计算任务。

我们首先要用__global__声明定义内核函数：

> __global__ void kernel_name(argument list)

内核函数必须有一个 void 返回类型。

表 6-2 给出了 CUDA 程序中的函数类型限定符。函数类型限定符指定一个函数在主机端执行还是在设备端执行，以及可被主机调用还是被设备调用。

表 6-2　CUDA 程序中的函数类型限定符

限定符	执行	调用	备注
__global__	在设备端执行	可在主机端调用也可在计算能力为 3 的设备端调用	必须有一个 void 返回类型
__device__	在设备端执行	仅能在设备端调用	
__host__	在主机端执行	仅能在主机端调用	

__device__和__host__可以一起使用，这样函数可以同时在主机端和设备端进行编译。例如将两个大小为 N 的向量 A 和 B 相加，主机端的向量加法的 C 语言代码如下：

```
void sumArrays(float *A, float *B, float *C, cons tint N)
{
    for (int i=0; i<N; i++)
    {
        C[i] = A[i] + B[i];
    }
}
```

这是一个迭代 N 次的串行程序，循环结束之后将产生以下的核函数：

```
__global__ void sumArrays(float *A, float *B, float *C)
{
    int i = threadIdx. x;
    C[i] = A[i] + B[i];
}
```

C 语言函数与内核函数相比，循环体消失了，内置的线程坐标变量替换了数组索引，由于 N 是被隐式定义且用来启动 N 个线程的，所以 N 没有什么参考价值。假设有一个长度为 24 个元素的向量，我们可以按以下方法用 24 个线程来调用内核函数：

```
sumArrays<<<1,24>>>(float *A, float *B, float *C)
```

我们可以编写一个主机函数来验证调用内核函数的结果。代码如下：

```
void check(float *hostRef, float *gpuRef, const int N){
    double epsilon = 1.0E - 8;
    bool match = 1;
    for (int i=0; i<N; i++)
    {
        if (abs(hostRef[i] == gpuRef[i]) > epsilon)
        {
            match = 0;
            printf("Arrays do not match! \n");
            printf("host %5.2f gpu %5.2f at current %d\n", hostRef[i], gpuRef[i], i);
            break;
        }
    }
    if (match) printf("Arrays match. \n\n");
    return;
}
```

由于许多 CUDA 调用是异步的，所以有时可能很难确定某个错误是由哪一步程序引起的。定义一个错误处理宏，用于封装所有 CUDA API 调用，以简化纠错过程。定义宏的代码如下：

```
# define CHECK(call){
    const cudaError_t error = call;
    if (error ! = cudaSucess)
    {
        printf("Error：%s：%d", __FILE__, __LINE__);
        printf("code：%d, reasons：%s\n", error, cudaGetErrorString(error));
        exit(1);
    }
}
```

可以在其他代码中使用这个宏，例如：

```
CHECK(cudaMemcpy(d_c, gpuRef, nBytes, cudaMemcpyHostToDevice))
```

如果拷贝内存数据之前的异步操作出现了错误，这个宏会报告错误代码，并输出一个可读信息，然后停止程序。当然也可以在内核函数调用后检查内核函数错误，例如：

```
kernel_function<<<grid,block>>>(argument list);
CHECK(cudaDeviceSynchronize());
```

该函数会阻塞主机端线程的运行直到设备端所有的请求都完成，并确保最后的内核函数启动部分不会出错。

现在将之前的所有代码放到 sumArraysGPU.cu 中，具体参考代码清单 6-4。

代码清单 6-4

```
#include <cuda_runtime.h>
#include <stdio.h>

#define CHECK(call){\
    const cudaError_t error = call;\
    if (error != cudaSuccess)\
    {\printf("Error: %s:%d,",__FILE__,__LINE__);\
        printf("code:%d, reason: %s\n",error,cudaGetErrorString(error));\
        exit(1);\
    }\
}
void checkResult(float *hostRef,float *gpuRef,const int N){
    double epsilon = 1.0E-8;
    bool match = 1;

    for (int i=0;i<N;i++){
        if (abs(hostRef[i] - gpuRef[i]) > epsilon){
            match = 0;
            printf("Arrays do not match! \n");
            printf("host %5.2f gpu %5.2f at const %d\n",hostRef[i],gpuRef[i],i);
            break;
        }
    }
    if (match) printf("Arrays match. \n\n");
}

void initialData(float *ip,int size){
    //generate different seed for random number
    time_t t;
    srand((unsigned) time(&t));
    for (int i=0;i<size;i++)
    {
        ip[i] = (float)(rand() & 0xFF)/10.0f;
    }
}

void sumArraysOnHost(float *A,float *B,float *C,const int N){
```

```
        for (int idx=0;idx<N;idx++)
        {
            C[idx] = A[idx] + B[idx];
        }
}


__global__ void sumArraysOnGPU(float *A,float *B,float *C){
        int i = threadIdx. x;
        C[i] = A[i] + B[i];
}


int main(int argc,char **argv){
        printf("%s Starting...\n",argv[0]);

        //set up device
        int dev = 0;
        cudaSetDevice(dev);

        //set up data size of vectors
        int nElem = 24;
        printf("Vector size %d\n",nElem);

        //malloc host memory
        size_t nBytes = nElem * sizeof(float);

        float *h_A, *h_B, *hostRef, *gpuRef;
        h_A = (float*)malloc(nBytes);
        h_B = (float*)malloc(nBytes);
        hostRef = (float*)malloc(nBytes);
        gpuRef = (float*)malloc(nBytes);

        //initialize data at host side
        initialData(h_A,nElem);
        initialData(h_B,nElem);
        memset(hostRef,0,nBytes);
        memset(gpuRef,0,nBytes);

        //malloc device global memory
        float *d_A, *d_B, *d_C;
        cudaMalloc((float **)&d_A,nBytes);
        cudaMalloc((float**)&d_B,nBytes);
        cudaMalloc((float**)&d_C,nBytes);
        //transfer data from host to device
```

```
            cudaMemcpy(d_A,h_A,nBytes,cudaMemcpyHostToDevice);
            cudaMemcpy(d_B,h_B,nBytes,cudaMemcpyHostToDevice);

            //invoke kernel at host side
            dim3 block(nElem);
            dim3 grid(nElem/block.x);

            sumArraysOnGPU<<<grid,block>>>(d_A,d_B,d_C);
            printf("Execution configuration <<<%d,%d>>>\n",grid.x,block.x);

            //copy kernel results back to host side
            cudaMemcpy(gpuRef,d_C,nBytes,cudaMemcpyDeviceToHost);

            //add vector at host side for result checks
            sumArraysOnHost(h_A,h_B,hostRef,nElem);
                //check device results
            checkResult(hostRef,gpuRef,nElem);
            //free device global memory
            cudaFree(d_A);
            cudaFree(d_B);
            cudaFree(d_C);

            //free host memory
            free(h_A);
            free(h_B);
            free(hostRef);
            free(gpuRef);

            return(0);
        }
```

在以上代码清单中，向量大小被设置成 24：

```
    int nElem = 24;
```

执行配置被放入一个线程块中，其中包含 24 个元素：

```
    dim3 block(nElem);
    dim3 grid(nElem/block.x);
```

使用以下命令进行编译和运行：

```
    $ nvcc -arch=sm_35 sumArraysGPU.cu -o sumgpu
    $ ./check
```

系统返回如下结果：

```
    ./sumgpu Starting…
```

Execution configuration$<<<1,24>>>$

Array match.

如果我们将执行配置调整为 24 个线程块，每个线程块只有 1 个元素，那么要进行如下改动：

dim3 block(1)；

dim3 grid(nElem)；

并在内核函数 sumArraysOnGPU 中进行如下修改：用"int i ＝ blockIdx. x；"替代"int i ＝ threadIdx. x；"。

一般情况下，可以根据一维网格和线程块的信息来计算全局数据访问的唯一索引：

```
__global__ void sumArraysOnGPU(float *A，float *B，float *C)
{
    int i = blockIdx. x * blockDim. x + threadIdx. x；
    C[i] = A[i] + B[i]；
}
```

6. 组织并行线程

从向量加法的例子中我们可以知道，使用合适的网格和线程块的大小来正确组织线程，会对内核性能产生很大影响。

现在通过矩阵加法的例子来进一步说明这个问题。对于矩阵运算，传统的方法是在内核中使用一个包含二维网格和二维线程块的布局来组织线程。但是，这样的方法无法获得最佳的性能，在矩阵加法中使用由二维线程块构成的二维网格、由一维线程块构成的一维网格或者由一维线程块构成的二维网格将有助于理解更多关于网格和线程块的启发式使用方法。

首先使用线程块和线程建立矩阵索引。在通常情况下，一个矩阵用行优先的方法在全局内存中进行线性存储。图 6 - 9 是一个 6×8 矩阵的线性存储。

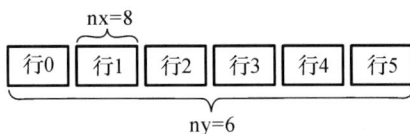

图 6 - 9　一个 6×8 矩阵的线性存储

对于一个给定的线程，首先可以通过把线程和索引映射到矩阵坐标上来获取线程块和线程索引的全局内存偏移量，然后将这些矩阵坐标映射到全局内存的索引/存储单元中。具体步骤如下。

第一步，用以下公式把线程和线程块索引映射到矩阵坐标上：

ix ＝ threadIdx. x ＋ blockIdx. x * blockDim. x；

iy ＝ threadIdx. y ＋ blockIdx. y * blockDim. y；

第二步，用以下公式把矩阵坐标映射到全局内存中的索引/存储单元上：

idx ＝ iy * nx ＋ ix；

图 6 - 10 说明了线程块和索引、矩阵坐标以及线性全局内存索引之间的对应关系。

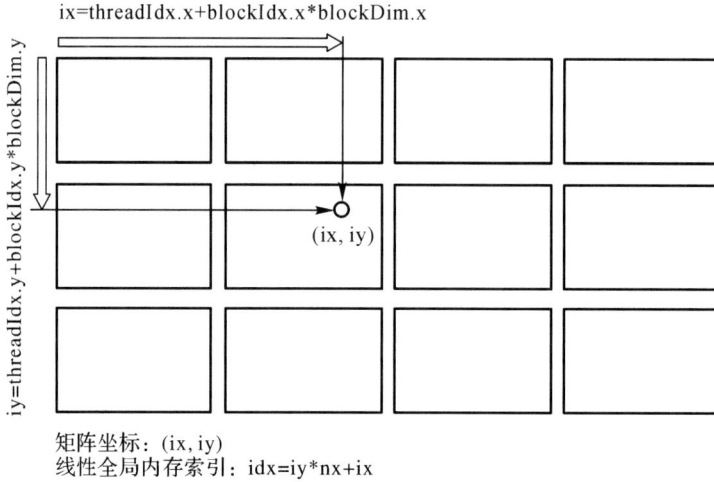

矩阵坐标：(ix, iy)
线性全局内存索引：idx=iy*nx+ix

图 6 - 10　线程块和索引、矩阵坐标以及线性全局内存索引之间的对应关系

参考代码清单 6 - 5，printThreadIdx 函数被用来输出关于每个线程的线程索引、线程块索引、矩阵坐标、线性全局内存偏移量和相应元素的值。

代码清单 6 - 5

```
# include <stdio. h>
# include <cuda_runtime. h>

# define CHECK(call){\
    const cudaError_t error = call;\
    if (error ! = cudaSuccess)\
    {\
        printf("Error:%s:%d,",__FILE__,__LINE__);\
        printf("code:%d,reason %s\n",error,cudaGetErrorString(error));\
        exit(-10 * error);\
    }\
}\

void initialInt(int *ip,int size){
    for (int i=0;i<size;i++)
    {
        ip[i] = i;
    }
}
void printMatrix(int *C,const int nx,const int ny){
    int *ic = C;
    printf("\nMatrix：(%d,%d)\n",nx,ny);

    for (int iy=0;iy<ny;iy++)
```

```
        {
            for (int ix=0;ix<nx;ix++)
            {
                printf("%3d",ic[ix]);
            }
            ic += nx;
            printf("\n");
        }
        printf("\n");
}


__global__ void printThreadIdx(int * A,const int nx,const int ny){
    int ix = threadIdx.x + blockIdx.x * blockDim.x;
    int iy = threadIdx.y + blockIdx.y * blockDim.y;
    unsigned int idx = iy * nx + ix;

    printf("thread_id (%d,%d) block_id (%d,%d) coordinate (%d,%d) global_index %2d ival
        $2d\n",threadIdx.x,threadIdx.y,blockIdx.x,blockIdx.y,ix,iy,idx,A[idx]);
}


int main(int argc,char **argv){
    printf("%s Starting... ",argv[0]);

    //get device information
    int dev = 0;
    cudaDeviceProp deviceProp;
    CHECK(cudaGetDeviceProperties(&deviceProp,dev));
    printf("Using Device %d:%s\n",dev,deviceProp.name);
    CHECK(cudaSetDevice(dev));
    //set matrix dimension
    int ny = 6;
    int nx = 8;
    int nxy = ny * nx;
    size_t nBytes = nxy * sizeof(float);
    //malloc host memory
    int *h_A;
    h_A = (int*)malloc(nBytes);

    //initial host matrix with integer
    initialInt(h_A,nxy);
    printMatrix(h_A,nx,ny);

    //malloc device memory
```

```
        int *d_MatA;
        cudaMalloc((void**)&d_MatA,nBytes);

        //transfer data from host to device
        cudaMemcpy(d_MatA,h_A,nBytes,cudaMemcpyHostToDevice);

        //set up execution configuration
        dim3 block(4,2);
        dim3 grid((nx+block. x-1)/block. x,(ny+block. y-1)/block. y);

        //invoke the kernel
        printThreadIdx<<<grid,block>>>(d_MatA,nx,ny);
        cudaDeviceSynchronize();

        //free host and device memory
        cudaFree(d_MatA);
        free(h_A);

        //reset device
        cudaDeviceReset();

        return(0);
    }
```

用以下命令编译并运行上述程序:

```
$ nvcc -arch=sm_35 checkThreadIdx.cu -o checkIdx
$ ./checkIdx
```

对于每一个线程,都可以获得以下类似的信息:

```
thread_id (1,0) block_id (1,2) coordinate (5,4) global_index (37) ival $2d
```

它们之间的关系可以参考图 6-11。

nx							
0	1	2	3	4	5	6	7	行0
线程块(0,0)				线程块(1,0)			
8	9	10	11	12	13	14	15	行1
16	17	18	19	20	21	22	23	行2
线程块(0,1)				线程块(1,1)			
24	25	26	27	28	29	30	31	行3
32	33	34	35	36	37	38	39	行4
线程块(0,2)				线程块(1,2)			
40	41	42	43	44	45	46	47	行5
列0	列1	列2	列3	列4	列5	列6	列7

图 6-11 线程间的关系

现在我们使用一个二维网格和二维线程块来编写一个矩阵加法内核函数。创建一个内核函数的目的是采用一个二维线程块来进行矩阵求和。该内核函数为：

```
__global__ void sumMatrixOnGPU2D(float *MatA, float *MatB, float *MatC){
    unsigned int ix = threadIdx.x + blockIdx.x * blockDim.x;
    unsigned int iy = threadIdx.y + blockIdx.y * blockDim.y;
    unsigned int idx = iy * nx + ix;

    if (ix<nx && iy<ny)
    MatC[idx] = MatA[idx] + MatB[idx];
}
```

这个内核函数的关键是将每一个线程从它的线程索引映射到线性全局内存索引中。接下来，在每一个维度下的矩阵大小可以按如下方式设置为 16 384 个元素：

```
int nx = 1<<14;
int ny = 1<<14;
```

然后使用一个二维网格和二维线程块按如下方式设置内核函数的执行配置：

```
int dimx = 32;
int dimy = 32;
dim3 block(dimx,dimy);
dim3 grid((nx+block.x-1)/block.x, (ny+block.y-1)/block.y);
```

主函数代码可以参考代码清单 6-6。

代码清单 6-6

```
#include <cuda_runtime.h>
#include <stdio.h>
/*
 * This example demonstrates a simple vector sum on the GPU and on the host.
 * sumArraysOnGPU splits the work of the vector sum across CUDA threads on the
 * GPU. A 2D thread block and 2D grid are used. sumArraysOnHost sequentially
 * iterates through vector elements on the host.
 */
void initialData(int *ip, const int size)
{
    int i;

    for(i = 0; i < size; i++)
    {
        ip[i] = (int)(rand() & 0xFF);
    }

    return;
}
```

```
void sumMatrixOnHost(int *A, int *B, int *C, const int nx,
                     const int ny){
    int *ia = A;
    int *ib = B;
    int *ic = C;

    for (int iy = 0; iy < ny; iy++)
    {
        for (int ix = 0; ix < nx; ix++)
        {
            ic[ix] = ia[ix] + ib[ix];

        }

        ia += nx;
        ib += nx;
        ic += nx;
    }
    return;
}

void checkResult(int *hostRef, int *gpuRef, const int N)
{
    bool match = 1;

    for (int i = 0; i < N; i++)
    {
        if (hostRef[i] != gpuRef[i])
        {
            match = 0;
            printf("host %d gpu %d\n", hostRef[i], gpuRef[i]);
            break;
        }
    }

    if (match)
        printf("Arrays match. \n\n");
    else
        printf("Arrays do not match. \n\n");
}
```

```
// grid 2D block 2D
__global__ void sumMatrixOnGPU2D(int *MatA, int *MatB, int *MatC, int nx,int ny)
{
    unsigned int ix = threadIdx.x + blockIdx.x * blockDim.x;
    unsigned int iy = threadIdx.y + blockIdx.y * blockDim.y;
    unsigned int idx = iy * nx + ix;

    if (ix < nx && iy < ny)
        MatC[idx] = MatA[idx] + MatB[idx];
}

int main(int argc, char **argv){
    printf("%s Starting...\n", argv[0]);

        // set up device
    int dev = 0;
    cudaDeviceProp deviceProp;
    cudaGetDeviceProperties(&deviceProp, dev);
    printf("Using Device %d: %s\n", dev, deviceProp.name);
    cudaSetDevice(dev);

    // set up data size of matrix
    int nx = 1 << 14;
    int ny = 1 << 14;

    int nxy = nx * ny;
    size_t nBytes = nxy * sizeof(int);
    printf("Matrix size: nx %d ny %d\n", nx, ny);

    // malloc host memory
    int *h_A, *h_B, *hostRef, *gpuRef;
    h_A = (int*)malloc(nBytes);
    h_B = (int*)malloc(nBytes);
    hostRef = (int*)malloc(nBytes);
    gpuRef = (int*)malloc(nBytes);

    // initialize data at host side
    initialData(h_A, nxy);
    initialData(h_B, nxy);
```

```
memset(hostRef, 0, nBytes);
memset(gpuRef, 0, nBytes);

// add matrix at host side for result checks
sumMatrixOnHost(h_A, h_B, hostRef, nx, ny);

// malloc device global memory
int *d_MatA, *d_MatB, *d_MatC;
cudaMalloc((void**)&d_MatA, nBytes);
cudaMalloc((void**)&d_MatB, nBytes);
cudaMalloc((void**)&d_MatC, nBytes);

// transfer data from host to device
cudaMemcpy(d_MatA, h_A, nBytes, cudaMemcpyHostToDevice);
cudaMemcpy(d_MatB, h_B, nBytes, cudaMemcpyHostToDevice);

// invoke kernel at host side
int dimx = 32;
int dimy = 32;
dim3 block(dimx, dimy);
dim3 grid((nx + block.x - 1) / block.x, (ny + block.y - 1) / block.y);

sumMatrixOnGPU2D<<<grid, block>>>(d_MatA, d_MatB, d_MatC, nx, ny);
cudaDeviceSynchronize();
printf("sumMatrixOnGPU2D <<<(%d,%d), (%d,%d)>>> \n", grid.x,
       grid.y,
       block.x, block.y);
// check kernel error
cudaGetLastError();

// copy kernel result back to host side
cudaMemcpy(gpuRef, d_MatC, nBytes, cudaMemcpyDeviceToHost);

// check device results
checkResult(hostRef, gpuRef, nxy);

// free device global memory
cudaFree(d_MatA);
cudaFree(d_MatB);
cudaFree(d_MatC);
```

```
        // free host memory
        free(h_A);
        free(h_B);
        free(hostRef);
        free(gpuRef);

        // reset device
        cudaDeviceReset();
        return (0);
    }
```

使用以下命令编译并运行完整代码:

　　$ nvcc -arch＝sm_35 sumArraysGPU2D.cu -o sumgpu2d

　　$ ./sumgpu2d

在 GeFore GTX 1080 Ti 上运行的结果是:

　　./sumgpu2d Starting

　　Using Device 0：GeFore GTX 1080 Ti

　　Matrix size：nx 16 384 ny 16 384

　　sumMatrixOnGPU2D<<<(512,512),(32,32)>>>

　　Arrays match.

接下来调整线程块的尺寸为 32×16,并重新编译和运行上述代码,可以发现执行速度得到提升:

　　sumMatrixOnGPU2D<<<(512,1024),(32,16)>>>(argument list);

这里再尝试一种配置方式:

　　sumMatrixOnGPU2D<<<(1 024,1 024),(16,16)>>>(argument list);

这种方式进一步减少线程块的尺寸,变为 16×16,可以发现,这种方式比第一种好但不如第二种。结果显示增加线程块的数量不一定能够提升内核性能。

上面已经介绍使用二维网格和二维块对矩阵求和,读者可以尝试自己编写代码,使用一维网格和一维线程块、二维网格和二维线程块对矩阵求和。

矩阵乘法与矩阵加法类似,读者可参考代码清单 6-7 中列出的矩阵乘法的内核函数。

代码清单 6-7

```
// MatA[M,N] * MatB[N,S] = MatC[M,S]
// 2D-grid, 2D-block
__global__ void multiMatrixOnGPU(int *MatA,int *MatB,int *MatC,int M,int N,int S){
        int ix = threadIdx. x + blockIdx. x * blockDim. y;
        int iy = threadIdx. y + blockIdx. y * blockDim. y;
        unsigned int idx = ix + iy * gridDim. x * blockDim. x;

        if (idx<M * S)
        {
                int row = idx/S;
```

```
        int col = idx%S;
    MatC[idx] = 0;

            for (int i=0;i<N;i++)
                MatC[idx] += MatA[row * N+i] * MatB[i * S+col];
    }
}
```

在使用 GPU 的时候可以使用 nvidia-smi 命令，它可以用于管理和监控 GPU 设备并允许查询和修改设备状态。通过 nvidia-smi-L 可以知道系统中安装了多少个 GPU 以及每个 GPU 的设备 ID。

参 考 文 献

［1］ COOK S. CUDA 并行程序设计：GPU 编程指南［M］苏统华，李东，李松泽，等译．北京：机械工业出版社，2014．

［2］ 斯托尔蒂，尤尔托卢. CUDA 高性能并行计算［M］苏统华，项文成，李松泽，等译．北京：机械工业出版社，2017．

［3］ 程润伟，格罗斯曼，麦克切尔. CUDA C 编程权威指南［M］颜成钢，殷建，李亮，译．北京：机械工业出版社，2017．

［4］ 索亚塔. 基于 CUDA 的 GPU 并行程序开发指南［M］唐杰，译．北京：机械工业出版社，2019．

第 7 章

云存储

大数据来源于现有的信息化系统、网络以及物联网通过传感器实时感知和采集的数据。数据不但蕴含了事物的客观状态，也蕴藏着事物的发展规律。因此，研究数据就是在研究事物的本质。

如今，数据已成为大国之间的竞争战略和全球领军公司的战略实践，我国的企业已经意识到：数据是增强竞争优势的基石。利用数据分析的企业已经将目光投向了"数据创新"。英国帝国理工大学副校长、著名创新领袖 David Gann 博士提出了"数据驱动创新的五种模式"，即让产品产生数据、产品数字化、跨行业数据的整合、数据交易和数据服务产品化，其目标是打造出高效的业务流程，助力自身战略决策，以便在前沿领域超越其竞争对手。

然而，数据量以每年近两倍的速度增长，数据的存储压力给存储市场带来发展的同时也带来了技术的难题：企业的存储设备越来越多，管理和维护的成本也随之增长。数据的安全性问题也日益突出，这成为各企业密切关注和急需解决的问题，也推动了云存储(Cloud Storage)这个新兴技术的发展。

7.1 云存储的基本概念

如绪论中所述，云计算(Cloud Computing)是分布式处理(Distributed Computing)、并行处理(Parallel Computing)和网格计算(Grid Computing)的发展，是透过网络将庞大的计算程序自动拆分成无数个较小的子程序，再由多台服务器所组成的庞大系统进行计算分析，之后将最后的处理结果回传给用户。云计算主要通过网络技术共享信息计算资源，而不是在个人电脑上管理或者分配资源。通过云计算，终端用户可以在数秒内处理数以万亿计的信息，达到和超级计算机相当的计算能力。

提供云计算服务首先需要解决数据的存储问题，这是云计算技术发展的前提条件，所以说云存储(Cloud Storage)是云计算衍生的一个新概念。云存储系统将数据存储在第三方托管的虚拟服务器上，并由云存储服务提供商(云服务商)给终端用户提供基于虚拟化技术构建的存储服务器上的维护、操作和管理服务，云存储系统能够让终端用户在任何时间、任何地点、通过任何联网的设备连接到云上存取数据。云存储系统可以存储海量的非结构化和结构化数据(如图 7-1 所示)。

图 7-1 云存储可提供的存储服务类别

对于企业来说，它们的数据会存放在一个由云服务商提供的企业数据中心中，企业通过一些应用程序或 API 接口来管理自己的数据。图 7-2 是云计算系统的简单示例图。

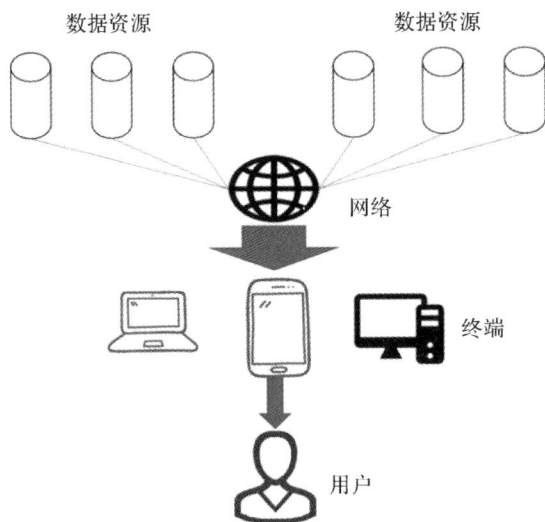

图 7-2 云计算系统的简单示例图

7.1.1 传统存储架构

云计算数据中心以简单的故障设计基础架构为模型，一般采用低成本、可扩展的解决方案，包括服务器、存储系统和网络产品，但是仍然使用标准发送模型和经济的可扩展方式。这些服务大致分为四类：

（1）基础设施即服务（IaaS）：提供独特的 IP 地址和按需存储块的虚拟服务器。客户可以按需支付，例如电力或水，这项服务也称为实用计算。

（2）平台即服务（PaaS）：托管在服务器上的一组软件和开发工具，是一个通过 Web 向开发人员提供应用程序开发和部署的平台。Google Apps 是其中最著名的 PaaS 提供商。

（3）软件即服务（SaaS）：通过用户接口与用户交互的软件。这些软件可以是基于 Web 的电子邮件，也可以是微博、微信等应用程序。

（4）存储即服务（SaaS）：大公司将其存储架构中的空间租给小公司或个人。存储即服务在企业中的关键优势在于节省成本——人员、硬件和物理存储空间。例如，使用存储即服务产品进行备份的网络管理员可以指定应备份网络上的数据以及频率，而不是维护大型磁带库和异地存储磁带。公司将签署服务协议（SLA），以每吉字节成本存储和单次数据转移成本的方式租用存储空间,公司的数据将通过云存储服务提供商的专有广域网(WAN)或互联网在指定时间自动传输。如果公司的数据损坏或丢失,网络管理员可以联系提供商并请求数据副本。

但是,云计算数据中心不会购买专门为传统 IT 市场设计的现成系统,这些产品过于昂贵,并且不满足云的独特数据中心环境和应用的需求。云存储方式针对不同用户和服务可分为四类:社区云、公共云、私有云和混合云。

社区云由有共同兴趣和需求的多个组织共享,费用由这些组织共同承担,这将大大减少组织的大部分开支。社区云存储系统一般运行在组织内部或在第三方平台上。

公共云是面向公众的,由云服务商提供,大多是收费的。用户能够在公共云上开发和部署应用程序。与其他云存储方式相比,租用公共云会减少成本,且用户只需开通账号使用,不需了解任何云存储方面的软硬件知识或掌握相关技能,数据的管理更为有效,安全性也可得到保障。

私有云是独享的云存储服务,为某一企业或社会团体建立、维护和运行。由于私有云存储需要配备专门的服务器和相关云存储系统的使用授权,并且需要专门的维护人员来实现不同部门或团队的访问与使用,因此使用成本较高。私有云存储可由企业自行建立、管理及维护运行,也可由专门的私有云服务公司协助建立并管理。

混合云结合了不同类型云存储方式。它拥有不同云存储系统的中间连接技术,能够将数据和应用在不同的云之间进行转移,如 ICStore,SCFS 和 DepSky。为了更加高效地连接外部云和内部云的计算和存储环境,混合云需要提供企业级的安全性、跨云平台的可管理性、负载/数据的可移植性以及互操作性。混合云需要在私人场所存储数据或存储在由供应商提供的一个(或多个)远程公共云上。对企业而言,这种混合云具有两个优点:第一,提供弹性、灵活的支付方案;第二,实现对企业数据的灵活控制。例如,企业可以将敏感数据保留在内部,将其他数据存储到公共云上。从某种意义上说,混合云在很大程度上消除了公司委托的各种安全问题[6]。

7.1.2　云存储系统的典型架构

云存储的核心是应用软件与存储设备相结合,通过应用软件来实现存储设备向存储服务的转变。云存储由数千个网络、分布式文件系统和其他存储中间件聚集的存储设备组成,为用户提供云存储服务。云存储系统的典型架构包括存储资源池、分布式文件系统、服务级别协议(SLA)和服务接口等。在全球范围内,云存储可以通过物理和逻辑功能边界和关系进行划分,以提供更多的交互。一般来说,云存储系统即为分布式存储系统,可以分为四层:

(1)存储层。存储层是云存储系统中最基础的部分。云存储系统在不同地域分布着大量的设备,彼此之间通过网络连接在一起,包括广域网、光纤网络等。存储设备由存储设备管理系统统一管理,可以实现存储设备的逻辑虚拟化管理、多链路冗余管理以及硬件设备的状态监控和故障维护。

(2)基础管理层。基础管理层是云存储系统中最核心的组成部分,它通过集群管理技术,实现多存储设备协同工作,并对外提供性能强大且安全的数据访问功能。此外,基础管理层通过内容分发网络(Content Delivery Network,CDN)、数据加密技术保证云存储系统中的数据不会被未授权的用户所访问,同时通过各种数据备份、容灾技术和措施使得云存储系统中数据的安全性和稳定性得到保障。

(3)应用接口层。应用接口层的主要功能是为了实现不同的云存储运营单位根据实际业务类型,开发不同的应用服务接口,提供不同的应用服务。应用接口层是云存储系统中最灵活的部分。

(4)访问层。授权的用户可通过标准访问接口来访问云存储系统。不同的云服务商提供的访问类型和访问手段不同,但是对使用者来讲,它们提供的服务是一样的。需要注意的是,用户访问的设备不是指某一个具体的设备,而是指一个由多个存储设备和服务器所组成的集合体。

云存储系统的架构通常分为两类:紧耦合对称(Tight Coupling Symmetrical,TCS)架构和松弛耦合非对称(Loose Coupling Asymmetrical,LCA)架构。TCS架构是为了满足高性能计算中高吞吐量的需求而设计的。高性能计算需要的文件读写操作(I/O 操作)要比单一设备的读写操作多得多,采用 TCS 架构的云存储系统能够使很多节点同时拥有分布式锁管理(锁定文件不同部分的写操作)和缓存一致性功能。TCS 架构对于单文件吞吐量问题很有效,因此这种架构得到了发展并在高性能计算领域中被广泛采用。值得注意的是,这种架构需要一定程度的技术经验才能使用。

松弛耦合非对称架构旨在解决云部署的大容量存储需求,不适合高性能计算。这种架构不是通过执行某个策略来使每个节点知道每个行动所执行的操作,而是利用一个数据路径之外的中央元数据控制服务器。LCA 架构允许进行新层次的扩展,具有很多优点,例如:

(1)存储节点将着重提供读写服务,而不需要来自网络节点的确认信息。

(2)节点可以利用不同的商品硬件 CPU 和存储配置。

(3)用户可以通过利用硬件性能或虚拟化实例来调整云存储。

(4)通过消除节点之间共享的网络开销,如光纤通道或 InfiniBand,从而进一步降低成本。

(5)异构硬件的混合和匹配使用户能够在需要的时候在当前经济规模的基础上扩大存储,同时还能提供永久的数据可用性。

(6)集中元数据可以使存储节点进行深层次应用程序归档,元数据亦可以方便地为控制节点所用。

7.1.3 云存储系统的分类

云存储满足了当代公司面对数据量高速增长所带来的存储需求。通过存储管理,云存储系统能够处理大量数据并同时满足其他众多合理的需求,节省了购买和管理存储设备的相关支出,也确保了数据和信息安全。存储即服务(SaaS)为那些缺乏资金或技术人员来实施和维护自己的存储基础架构的中小型企业提供了良好的替代方案,也成为所有企业降低数据泄露风险和提供数据长期保留,并增强业务连续性和可用性的一种方式。云存储是一种面向存储的服务模式,通过网络,用户可以远程维护、管理和备份数据。云存储是无定形的,既没有明确定义的功能集,也没有任何单一的架构。许多传统的托管或管理服务商(Managed Service Provider,MSP)提供块或文件存储,通常与传统的远程访问协议或虚拟或物理服务器托管一起使用,也有以 Amazon S3 服务为代表的用于存储大型对象的平面数据库[8]。Tanej 团队将云存储定义为云解决方案中较大的存储领域中的特定类别。云存储包含传统的托管存储,即远程通过 FTP、WebDAV、NFS/CIFS 或块协议访问的产品。目前,有越来越多的云存储系统可供选择,每一种都具有相应的优缺点,因此,最重要的是选择一种适合个人或企业的系统。一般来说,这些云存储系统可分为以下三种类型:

(1) 对象存储系统(Objective Storage Systems)。对象存储系统的动机很简单——可以进行更多读写操作,从而减轻主机的读写操作负担,使其可以进行更多的其他处理工作。对象存储主要有两个关键特征:单个对象和扩展元数据。在这样的存储系统中,数据以对象的形式存储和检索,并且这些单个对象由全局句柄访问。句柄可以是键、散列或 URL。

(2) 关系数据库存储系统(Relational Database Storage Systems)。关系数据库存储系统旨在将配置、扩展、备份、隐私和访问控制等大部分运营负担从数据库用户转移到服务商,从而为用户提供更低的总成本。因此,用户所产生的硬件成本和能源成本可能会低得多,因为他们只为服务的一部分付费而不是自己运行所有服务。

(3) 分布式文件存储系统(Distributed File Storage Systems)。分布式文件存储系统(亦可称为分布式存储系统、分布式文件系统)是一个文件系统,允许用户通过计算机网络共享的多个主机访问文件,因此可以使多台计算机上的多个用户共享文件和存储资源。客户端节点不能直接访问底层块存储,而是使用协议通过网络进行交互。这使得云服务商可以根据服务器和客户端上的访问列表或功能来限制对文件系统的访问,具体取决于协议的设计方式。

7.1.4　云存储系统的发展趋势

随着云存储技术的发展,各类搜索、应用技术和云存储相结合的应用不断涌现。云存储系统需从安全性、便携性、性能和可用性及数据访问等角度进行改进。

(1) 安全性。安全性一直是企业实施云存储最重要也是最基础的要求,但在目前许多用户对云存储的安全要求仍高于现有云存储系统所能提供的安全水平。构建更为安全的数据中心是云存储发展的重心。

(2) 便携性。云存储结合了强大的便携功能,可以使用户通过任何媒介来操作和管理存储在系统中的数据。

(3) 性能和可用性。客户端可将经常使用的数据保存在本地,从而有效地缓解互联网延迟问题。如何通过本地高速缓存来缓解延迟性问题,即使面临最严重的网络中断,还可以让经常使用的数据像本地存储那样快速反应,并且实现容量优化以及广域网的优化来尽量减少数据传输的延迟性,这是云存储技术发展的未来目标。

(4) 数据访问。数据访问是指解决在执行大规模数据请求或数据恢复操作时,所带来的云存储不充分访问性能的问题。

7.2 分布式存储系统及其管理方式

分布式存储系统旨在许多方面实现"透明"，也就是说，它们的目标是对客户端程序"隐形"，这些程序"看到"一个类似于本地文件系统的全局视图。分布式存储系统的设计首先要满足基本功能，例如处理定位文件、传输数据等，一般需满足下面几个要求：

（1）一致性要求。分布式存储系统需要使用多台服务器共同存储数据，而随着服务器数量的增加，服务器出现故障的概率也在不断增加。为了保证在有服务器出现故障的情况下系统仍然可用，一般做法是把一个数据分成多份存储在不同的服务器中。但是由于故障和并行存储等情况的存在，同一个数据的多个副本之间可能存在不一致的情况。这里将保证多个副本的数据完全一致的性质称为一致性。

（2）可用性要求。分布式存储系统需要多台服务器同时工作。当服务器数量增多时，其中的一些服务器出现故障是在所难免的。我们希望这样的情况不会对整个系统造成太大的影响。在系统中的一部分节点出现故障之后，系统不影响客户端的读/写请求，称为可用性。

（3）分区容错性要求。分布式存储系统中的多台服务器通过网络进行连接。但是我们无法保证网络是一直通畅的，分布式存储系统需要具有一定的容错性来处理网络故障带来的问题。一个令人满意的情况是，当一个网络因为故障而分解为多个部分的时候，分布式存储系统仍然能够工作。

分布式存储系统不会共享对同一存储器的访问，而是使用网络协议。这些网络协议称为网络文件系统，它们不是使用网络发送数据的唯一文件系统。分布式存储系统可以根据两个服务器上的访问列表或功能来限制客户端对文件系统的访问，具体取决于协议的设计方式。

大多数分布式存储系统是基于客户端-服务器架构构建的，但也存在其他分散式的架构。

1. 客户端-服务器架构

使用客户端-服务器架构的网络文件系统（NFS），允许网络上的多台计算机之间共享文件，且提供标准化视图。NFS允许异构客户端的进程（可能在不同的机器上和不同的操作系统下运行）访问远程服务器上的文件，且忽略文件的实际位置。由于依赖于单个服务器会导致NFS存在潜在的低可用性和较差的可伸缩性，而使用多个服务器也无法解决低可用性问题，因为每个服务器都是独立工作的。因此NFS采用远程文件服务模型，此模型也称为远程访问模型，其主要功能有：（1）实现远程访问，客户端可以访问文件，将请求发送到远程文件上（当文件保留在服务器上时）；（2）上传/下载，客户端只能在本地访问该文件，这意味着客户端必须下载文件，进行修改并再次上传，以供其他客户端使用。

2. 集群架构

基于集群架构可以改善客户端-服务器架构中的一些问题，从而并行地改进应用程序的执行。这里使用的技术是文件条带化，即文件被分成多个块，这些块在多个存储服务器上"条带化"。其目标是允许并行访问文件的不同部分。如果应用程序没有使用这种技术，那么将不同的文件存储在不同的服务器上会更方便。但是，当涉及为大型数据中心(如亚马逊和谷歌)组织分布式存储系统时，由于该系统为 Web 客户端提供服务，允许客户端对大量文件进行多种操作(读取、更新、删除等)，因此基于集群架构变得更为有效。使用最广泛的两种分布式存储系统(DFS)是 Google 文件系统(GFS)和 Hadoop 文件系统(HDFS)。两者的文件系统都是由在标准操作系统(在 GFS 的情况下为 Linux)上运行的用户级进程实现的。

分布式存储系统也可以按照有无中心管理节点和存储节点是否有主从之分两个方面进行分类。一般来说，有中心管理节点且存储节点为主从关系的系统是现在的主流系统，下面主要介绍这种系统的管理方式(如图 7-3 所示)。在这样的系统中，读写任务是由中心管理节点完成的。中心管理节点需定期保存集群全局信息和监听到的所有数据分布以及磁盘负荷状态，以便做出相应的决策，从而保证系统的稳定运行。分布式存储系统都有自己的逻辑拓扑结构，分别是存储池、分区、服务器、磁盘和文件，以便于分区扩展或者数据隔离等。为了提高性能，这个逻辑拓扑结构一般会缓存在内存中，定期地或持久地存在中心控制节点的磁盘上。为了数据分布和资源使用的均衡，中心管理节点还需要获取数据节点上数据分布和资源使用的状态，这些状态可供读写调度模块有效调度资源。

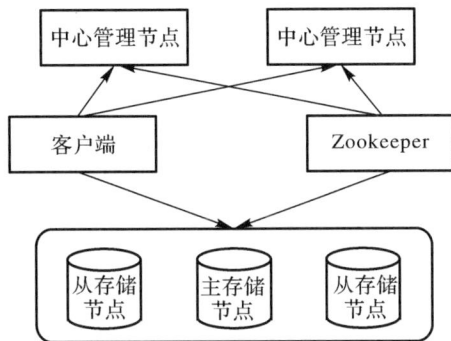

图 7-3　有中心管理节点且存储节点为主从关系的系统图

中心管理节点是文件读写调度的中心。当客户端发起写请求时，系统首先向中心管理节点获取文件编号，而后根据客户端需要的读写文件大小、备份数等参数以及当前系统节点的状态和权重，选择合适的节点来返回一个包含了该文件多个副本位置信息的文件编号给客户端。相比于对象存储系统，这种系统的好处是不必保存文件的映射关系。中心管理节点除了需要完成这两种功能之外，还需承担维持副本数量、内容正确性以及数据恢复调度的任务。

在存储节点有主从之分的系统中，主从存储节点也需要中心管理节点来选择。存储节点除了负责文件在单机系统上的存储之外，它们各自还承担保持备份数据一致性的任务。在保证备份数据一致性上，主存储节点需要根据主从一致性协议将数据推送到其他从存储节点上，一般选择强一致协议，即主存储节点将数据发送给从存储节点并成功收到从存储节点的响应后，才会将数据持久化到本地，这样用户读到的数据始终是一致的。此外，对于存储节点来说，保持中心管理节点的心跳信息和将自己当前的容量及资源使用情况汇报给中心管理节点也是它们的任务。处于待命状态的存储节点会等待中心管理节点的派遣任务。

从存储节点一般作为分布式存储系统的接入层。对于写操作，从存储节点将接受用户数据流，然后将数据写入从存储节点；而对于读操作，从存储节点首先从所有的副本中随机选择副本来读取。同时为了提高系统整体性能和可用性，该系统的从存储节点一般还会负责其他的功能：第一，为了减少存储节点与中心管理节点的交互来提高写性能，从存储节点会从中心管理节点获取集群副本位置信息，设置缓存间隔时间并存储在本地；第二，从存储节点会在性能损耗可容忍的情况下，采用简单的重试超时方式来处理中心管理节点和存储节点中的异常，从而保证系统稳定性。

从性能方面来看，由于现在的服务器性能高、处理能力强，因此现阶段的中心管理节点能处理海量的信息，但仍旧会出现性能的瓶颈。这样的存储系统对于小文件的读写场景，即在数量有限且集中的磁盘和文件，主要的性能瓶颈在于集群中某些磁盘的吞吐能力，而对于大文件的读写场景，系统的性能瓶颈在于主存储节点的出口网卡流量。

为了保证集群有序性和稳定性，存储系统采用 Zookeeper 来对整个系统进行监控。Zookeeper 通过一种和文件系统很像的层级命名空间来让分布式进程互相协同工作（如图 7-4 所示）。这些命名空间由一系列数据寄存器(Znodes)组成。这些数据寄存器类似于文件系统中的文件和文件夹，但和文件系统不一样的是，文件系统的文件是存储在存储区上的，而 Zookeeper 的数据是存储在内存上的，这就意味着 Zookeeper 有着高吞吐量和低延迟。

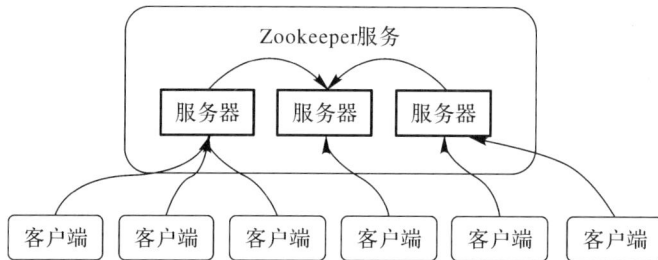

图 7-4 Zookeeper 系统图

Zookeeper 实现了高性能、高可靠性和有序的访问功能。高性能保证了 Zookeeper 能应用在大型的分布式系统上，高可靠性保证它不会由于单一节点的故障而造成任何问题，有序的访问能保证客户端可以实现较为复杂的同步操作。相比而言，中心管理节点对数据的调度策略更为重要，因为数据分布的均衡程度直接影响到系统对外服务的性能。

组成 Zookeeper 的各个服务器之间能够相互通信，内存中保存了服务器状态以及操作日志，并在本地持久化。在一台服务器的 TCP 链接断掉时，其他大多数的服务器还是可用的，于是客户端会连接到另一个 Zookeeper 服务器从而维持 TCP 连接。

7.3 分布式存储系统 HDFS

Hadoop 分布式存储系统(HDFS)是一个运行的分布式存储系统硬件，最初构建为开源Web 爬虫 Apache Nutch 项目的基础结构，HDFS 是 Hadoop 项目的一部分（图 7-5 列出了Hadoop 的主要组件），也是 Lucene Apache 项目的一部分。它与现有的分布式存储系统有许多相似之处，但它与现有分布式存储系统的差异更值得人们关注。HDFS 具有高度容错能力并且可以部署在低成本硬件上，更重要的是它提供高吞吐量访问应用程序数据，适用于具有大型数据集的应用程序。同时，HDFS 对启用文件系统数据的流式访问所需的 POSIX 要求小。

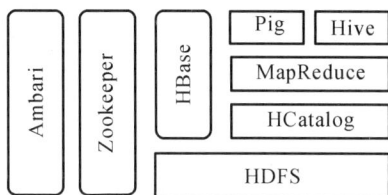

图 7 - 5　Hadoop 组件（其中 MapReduce 和 HDFS 为核心组件）

HDFS 的所有通信协议都基于 TCP/IP 协议，在客户端与名字节点（Namenode）（有时也称为管理节点）建立连接，HDFS 上的数据节点（Datanode）通过 TCP/IP 协议与名字节点通信。

7.3.1　HDFS 设计目标

HDFS 主要面向以下方面进行设计。

1. 硬件错误

硬件故障是常态而非例外。整个 HDFS 可能包含数百或数千台存储数据的服务器。事实上，HDFS 存在大量组件并且每个组件具有非正常的故障概率，这意味着 HDFS 的某些组件始终不起作用。因此，检测故障并从这些故障中快速自动恢复是 HDFS 的核心目标。

2. 流数据访问

在 HDFS 上运行的应用程序需要对数据集进行流式访问，因此 HDFS 的设计中考虑了数据批处理，其重点是数据访问的吞吐量而不是数据访问的延迟。POSIX 标准所设置的许多硬性约束对于 HDFS 的许多应用程序并非必要。为了提高数据访问的吞吐量，POSIX 在一些关键方面对语义做了一些修改。

3. 大数据处理

在 HDFS 上运行的应用程序通常具有大型数据集，这时 HDFS 中的典型文件大小一般都在千兆字节至太兆字节。因此，为支持大文件 HDFS 应该提供高聚合数据带宽，其单个集群可扩展数百个节点，可处理数千万个文件。

4. 数据一致性

HDFS 需要一个"一次写入多次读取"的文件访问模型。该模型假设一个文件经过创建、写入和关闭之后就不需要改变，这一假设简化了数据一致性问题，并且使高吞吐量的数据访问成为可能。Map/Reduce 应用或者网络爬虫应用都非常适合这个模型。

5. 计算迁移

一个计算，离它操作的数据越近就越高效，在数据达到海量级别的时候更是如此。因为这样就能降低网络阻塞的影响，提高数据访问的吞吐量。将计算迁移到数据附近，比将数据移动到应用计算所在的位置显然更好。HDFS 为应用程序提供了接口，使其自身更靠近数据所在的位置，这大大降低了计算损耗。

6. 可移植性

HDFS 在设计的时候就考虑了平台的可移植性。这种特性有助于 HDFS 作为大规模数据应用平台进行推广。

7.3.2 名字节点和数据节点

HDFS 采用了主从(Master/Slave)结构模型，一个 HDFS 集群是由一个名字节点和若干个数据节点组成的。其中名字节点作为主服务器，管理文件系统的命名空间和客户端对文件的访问操作；数据节点管理存储的数据(如图 7-6 所示)。需要注意的是，通常是一个节点一个机器，用来管理对应节点的存储。HDFS 对外开放文件命名空间，并允许用户数据以文件形式存储。其内部机制是将一个文件分割成一个或多个块，这些块被存储在一组数据节点中。名字节点管理文件命名空间的文件或目录操作，如打开、关闭、重命名等，同时确定块与数据节点的映射。数据节点负责来自文件系统客户的读写请求。数据节点同时还要执行块的创建、删除以及来自名字节点的块复制指令。

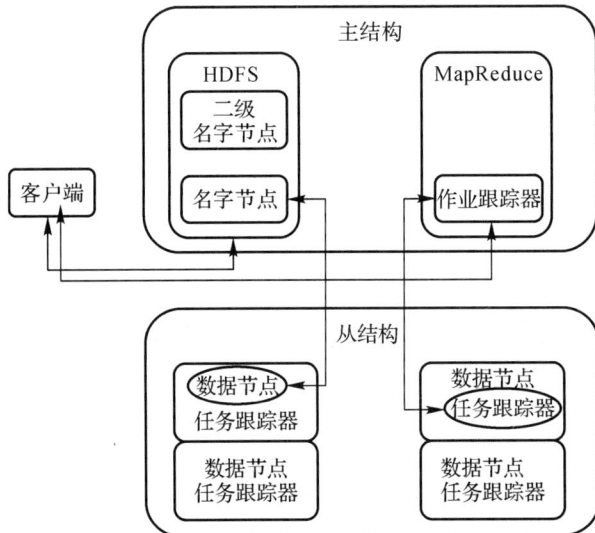

图 7-6 HADOOP 的 HDFS 架构图

名字节点和数据节点是在商用机器上运行的软件，这些机器通常基于商用 Linux 系统。HDFS 是使用 Java 语言构建的，任何支持 Java 的机器都可以运行名字节点或数据节点，这也意味着使用高度可移植的 Java 语言可以在各种计算机上部署 HDFS。一个典型部署是在特定机器上只运行名字节点，集群中的其他计算机都运行数据节点。该体系结构不排除在同一台机器上运行多个数据节点，但在实际部署中绝不是这种情况。集群中存在单个名字节点，极大地简化了系统的体系结构，所有 HDFS 元数据都由名字节点进行存储管理和分配，这样的系统设计使得用户数据永远不会流经名字节点。

HDFS 支持传统的分层文件管理架构。用户或应用程序可以在这些目录中创建目录并存储文件。文件系统命名空间层次结构与大多数其他现有文件系统类似：用户可以创建和删除文件，将文件从一个目录移动到另一个目录，或重命名文件。但 HDFS 尚未实现用户配额和访问权限，同时 HDFS 不支持硬链接和软链接。名字节点维护文件系统命名空间，记录对文件系统命名空间和属性的任何更改，而应用程序可以指定应由 HDFS 维护的文件的副本数。文件的副本数称为该文件的复制因子，该信息由名字节点存储。

7.3.3　数据复制

HDFS 设计成能可靠地在集群中大量机器之间存储大量的文件，它将每个文件存储为一系列块，除最后一个块之外，文件中的所有块都具有相同的大小。属于文件的块为了故障容错而被复制，同时块大小和复制因子可根据文件进行配置。需要注意的是，HDFS 中的文件是一次写入的，并且在任何时候都只有一个写入器。应用程序可以指定文件的副本数（即复制因子或副本因子），复制因子可以在文件创建时指定，也可以在之后进行修改。

有关块复制的所有决定由名字节点做出。名字节点定期从集群中的每个数据节点接收心跳（Heartbeat）和块信息报告（Blockreport）。心跳的接收意味着数据节点健康状况良好，并且能根据需要提供数据，块信息包含该数据节点上所有块的列表。

数据副本位置的选择对 HDFS 的可靠性和性能至关重要。此功能将 HDFS 与大多数其他分布式存储系统区分开来。放置副本的目的是提高数据可靠性、可用性和网络带宽利用率。HDFS 运行在跨越大量机架的集群之上。两个不同机架上的节点是通过交换机实现通信的，在大多数情况下，相同机架上机器间的网络带宽优于在不同机架上的机器。在启动时，每个数据节点确定它所属的机架，并在注册时通知名字节点。

HDFS 提供接口以便很容易地挂载检测机架标识的模块。一个简单但不是最优的方式就是将副本放置在不同的机架上，这就防止了机架故障时数据的丢失，并且在读数据的时候可以充分利用不同机架的带宽。此方式在集群中均匀分布副本，从而可以轻松平衡组件故障的负载。然而这种方式增加了写入成本，因为写入需要将块传输到多个机架上。对于最常见的情况，当复制因子为 3 时，HDFS 放置策略是在本地节点上放置一个副本，将另一个副本放在本地机架的不同节点上，并将最后一个副本放在另外的节点机架上。此策略可以减少机架间写入流量并提高写入性能，减少节点故障，因此不会影响数据可靠性和可用性。但它在读取数据时会减小聚合网络带宽，因为文件块仅存在两个不同的机架上，而不是三个。文件的副本不是均匀地分布在机架当中，应当将三分之一的副本位于一个节点上，三分之一的副本位于一个机架上，其余三分之一副本均匀分布在所有剩余的机架上。此策略可提高写入性能，同时不会影响数据可靠性或读取性能。

HDFS 尝试满足最接近副本的读取请求。如果在与读取器节点相同的机架上存在副本，则该副本首先满足读取请求。如果 HDFS 跨越多个数据中心，则对驻留在本地数据中心的副本的读取优先于远程副本。

在启动时，名字节点会进入安全模式（Safemode）的特殊状态。当名字节点处于安全模式状态时，不会发生数据块的复制。名字节点从数据节点接收心跳和数据块列表，每个块都有指定的最小副本数，当使用名字节点确认该数据块的最小副本数时，会认为该块是安全复制的。当名字节点确认上述情况后，还会再延时 30 秒之后才退出安全模式状态。如果确定具有少于指定数量的副本的数据块列表时，名字节点会将这些块复制到其他数据节点上。

7.3.4 文件系统元数据的持久性

HDFS 的名字节点使用名为 EditLog 的事务日志来持久记录文件系统元数据发生的每个操作。例如，在 HDFS 中创建新文件会导致管理日志将记录插入 EditLog，以指示此更改。同样，更改文件的复制因子也会将新的记录插入 EditLog。名字节点使用其本地文件系统中的文件来存储编辑日志。整个文件系统命名空间，包括文件块的映射表和文件系统的配置都存在一个叫 FsImage 的文件中，FsImage 存放在名字节点的本地文件系统中。

名字节点的映射包含整个文件系统命名空间和内存中的文件块映射。这个元数据设计得很紧凑，因此机器上的 4 GB 内存足以支持大量的文件和目录。当名字节点启动时，它从磁盘读取 FsImage 和 EditLog，将 EditLog 中的所有事务应用到 FsImage 的仿内存空间，然后将新的 FsImage 刷新到本地磁盘中，因为事务已经被处理并已经持久化在 FsImage 中，所以就可以截去旧的 EditLog。此过程叫作检查点，通常名字节点启动时会产生检查点。

数据节点将 HDFS 数据存储在本地文件系统中。数据节点不清楚 HDFS 文件的任何信息，它只负责将每个 HDFS 数据块存储在其本地文件系统的单独文件中。数据节点不会在同一目录中创建所有文件，相反，它使用启发式方法来确定每个目录的最佳文件数，并在适当的时候创建子目录。在本地同一个目录下创建所有的数据块文件并不是最佳选择，因为本地文件系统可能无法有效支持单个目录下大量文件的高效操作。当数据节点启动的时候，它将扫描本地文件系统，根据本地的文件产生一个所有 HDFS 数据块的列表并报告给名字节点，这个报告称作块信息报告。

7.3.5 HDFS 的异常处理

HDFS 的主要目标是即使在出现故障时也能可靠地存储数据。最常见的三种故障分别是名字节点故障、数据节点故障和网络断开。HDFS 的异常处理方式如下。

1. 重新复制

一个数据节点周期性发送一个心跳包到名字节点。网络断开会造成一组数据节点子集和名字节点失去联系。名字节点根据缺失的心跳信息判断故障情况。名字节点将这些数据节点标记为死亡状态，不再将新的 I/O 请求转发到这些数据节点上，这些数据节点上的数据将不再使用，这会导致一些块的复制因子降低到指定的值。名字节点检查所有需要复制的块，并将它们复制到其他的数据节点上。重新复制在有些情况下是不可或缺的，例如：数据节点失效、副本损坏、数据节点磁盘损坏或者文件的复制因子增大。

2. 集群重新平衡

HDFS 架构与数据重新平衡方案兼容。如果数据节点上的可用空间低于某个阈值，则数据可能会自动从一个数据节点移动到另一个数据节点。此外，对特定文件的突然高需求可以动态地创建其他副本并重新平衡集群中的其他数据。

3. 校验和检查

从数据节点获取的数据块可能已损坏，这种类型的损坏通常是由于存储设备故障、网络错误或软件漏洞造成的。HDFS 客户端对 HDFS 文件的内容实施校验和检查，当客户端创建 HDFS 文件时，它会计算文件上每个块的校验和，并将这些校验和存储在同一 HDFS

命名空间中的单独隐藏文件中。当客户端检索文件内容时，它会验证从数据节点接收的数据是否满足校验和。如果不满足，则客户端可以选择从具有该块的副本的另一个数据节点中检索该块。

4. FsImage 和 EditLog 更新

FsImage 和 EditLog 是 HDFS 的中心数据结构，这些文件损坏可能导致整个集群无法正常运行。因此，名字节点会配置多个 FsImage 和 EditLog 副本，对 FsImage 或 EditLog 的任何更新都会使每个 FsImages 和 EditLogs 同步更新。多个 EditLog 的这种同步更新可能会降低名字节点可支持的命名空间事务交易速率。但这种降低是可以接受的，因为 HDFS 应用本质上是数据密集型的，而不是元数据密集型的。当名字节点在重新启动时，需要选择最新一致的 FsImage 和 EditLog。如果名字节点所在计算机出现故障，则需要手动干预。目前还不支持名字节点软件自动重启和到其他名字节点的切换。

7.3.6　HDFS 的数据结构

HDFS 的设计旨在支持大型文件存储。与 HDFS 兼容的应用程序是用来处理大型数据集的，这些应用程序只写入一次数据，但读取数据一次或多次，并要求以流速满足读取。HDFS 支持文件上的一次写入多次读取语义，它使用的典型块大小为 64 MB。因此，HDFS 文件被切割成 128 MB 块，每个块可以驻留在不同的数据节点中。

实际上，创建文件的请求不会立即到达名字节点，而是 HDFS 将文件数据缓存到临时本地文件中，当本地文件累计超过 HDFS 块大小的数据时，客户端将联系名字节点，名字节点将文件名插入文件系统层次结构并为其分配数据块。名字节点使用数据节点和目标数据块的标识响应客户端请求，客户端将数据块从本地临时文件刷新到指定的数据节点。关闭文件时，临时本地文件中剩余的未刷新数据将传输到数据节点。然后，客户端指示名字节点文件已关闭，名字节点将文件创建操作提交到持久化存储中。如果名字节点在文件关闭之前"死亡"，则文件将丢失，应用程序需要流式写入文件。如果客户端直接写入远程文件而没有任何缓冲，则网络速度和网络阻塞会大大影响吞吐量。早期的分布式存储系统，例如 AFS，使用客户端缓存来提高性能，而现在由于 POSIX 接口限制的放宽，HDFS 实现了更高效的数据上传速率。

当客户端将数据写入 HDFS 文件时，其数据首先写入本地文件。如上所述，假设 HDFS 文件的复制因子为 3，当本地文件累积到一个块大小的数据时，客户端从名字节点检索数据节点列表，这个列表包含存放数据块副本的数据节点。然后，客户端将数据块刷新到第一个数据节点，第一个数据节点开始以 4 KB 为单元接收数据，将每一小块都写入其本地库中，同时将每一小块都传送到列表中的第二个数据节点。同理，第二个数据节点将小块数据写入本地库中同时传给第三个数据节点，第三个数据节点直接写入本地库中。一个数据节点在接收前一个节点数据的同时，还可以将数据流式传递给下一个节点。

7.3.7　HDFS 基本操作命令

HDFS 的 shell 操作命令和 Linux 上的操作命令基本类似，下面主要介绍几类常用的命令。

（1）ls：显示当前目录结构。该命令选项表示查看指定路径的当前目录结构，参数-R 递归显示目录结构，后面跟 HDFS 的路径。该命令形式如下：

hadoop fs -ls /

hadoop fs -ls -R hdfs://Hadoop:9000/

（2）put：上传文件。该命令选项表示把本地文件复制到 hdfs 中。该命令形式如下：

hadoop fs -put［本地文件地址］ ［HDFS 地址］

（3）copyFromLocal：上传文件。该命令除了限定源路径是一个本地文件外，操作与 put命令一致。该命令形式如下：

hadoop fs -copyFromLocal［本地文件地址］ ［HDFS 地址］

（4）get：复制文件到本地。该命令形式如下：

hadoop fs -get［HDFS 地址］［本地文件地址］

（5）copyToLocal：复制文件到本地。该命令除了限定目标路径是一个本地文件外，和 get 命令类似。该命令形式如下：

hadoop fs -copyToLocal［HDFS 地址］［本地文件地址］

（6）moveFromLocal：从本地把文件移动到 HDFS，即将文件从源路径移动到目标路径。这个命令允许有多个源路径，此时目标路径必须是一个目录，但不允许在不同的文件系统间移动文件。该命令形式如下：

hadoop fs-moveFromLocal［本地文件地址］ ［HDFS 地址］

（7）cp：复制文件，即将文件从源路径复制到目标路径。这个命令允许有多个源路径，此时目标路径必须是一个目录。该命令形式如下：

hadoop fs -cp［源地址 1］ ［目标地址］

（8）mv：移动文件，即将文件从源路径移动到目标路径。这个命令允许有多个源路径，此时目标路径必须是一个目录。不允许在不同的文件系统间移动文件。该命令形式如下：

hadoop fs -mv［源地址 1］ ［目标地址］

（9）mkdir：创建文件夹，即创建空白文件夹。该命令选项表示创建文件夹，后面跟的路径是在 hdfs 将要创建的文件夹。该命令形式如下：

hadoop fs -mkdir［HDFS 文件目录/文件名］

（10）cat：查看文件内容，将路径指定文件的内容输出到 stdout。该命令形式如下：

hadoop fs -cat［文件地址］

（11）getmerge：合并文件。该命令选项表示把 hdfs 指定目录下的所有文件内容合并到本地 Linux 的文件中，将文件从源路径移动到目标路径。这个命令允许有多个源路径，此时目标路径必须是一个目录。不允许在不同的文件系统间移动文件。该命令形式如下：

hadoop fs -getmerge［多源路径］［目标路径］

（12）rm：删除文件。该命令形式如下：

hadoop fs -rm［文件地址］

（13）tail：查看文件尾部内容。该命令选项显示文件最后 1KB 节的内容。一般用于查看日志。如果带有选项-f，那么当文件内容变化时，也会自动显示。该命令形式如下：

hadoop fs -tail -f /hadoop/dir1/hadoop-root. log

（14）help：帮助。该命令选项会显示帮助信息，后面跟上需要查询的命令选项即可。该命令形式如下：

hadoop fs -help ls

参 考 文 献

[1] 张龙立. 云存储技术探讨[J]. 电信科学, 2010(s1): 71-74.

[2] KULKARNI G, WANGHMARE R, PALWE R, et al. Cloud storage architecture [C]. International Conference on Telecommunication Systems, Services, and Applications (TSSA), IEEE, 2012: 76-81.

[3] BăSESCU C, CACHIN C, EYALL, et al. Robust data sharing with key-value stores [C]. IEEE/IFIP International Conference on Dependable Systems and Networks (DSN 2012), IEEE, 2012: 1-12.

[4] BESSANI A N, MENDES R, OLIVEIRA T, et al. SCFS: A Shared Cloud-backed File System[C]. USENIX Annual Technical Conference, 2014: 169-180.

[5] BESSANI A N, CORREIA M, QUARESMA B, et al. DepSky: Dependable and secure storage in a cloud- of-clouds[J]. ACM Transactions on Storage, 2013, 9(4): 1-33.

[6] DOBRE D, VIOTTI P, VUKOLIC M. Hybris: Robust hybrid cloud storage[C]. Proceedings of the ACM Symposium on Cloud Computing, 2014: 1-14.

[7] 彭海琴. 云存储模型及架构解析[J]. 数字技术与应用, 2015(4): 76-77.

[8] BEACH B. Simple Storage Service[M]. Pro Powershell for Amazon Web Services, Apress, 2014.

[9] BORTHAKUR D. The hadoop distributed file system: architec-ture and design, Hadoop Project Website[EB/OL]. [2019-05-25]. http://hadoop. apache. org/core/docs/current/hdfs design. pdf.

第8章
分布式大数据处理

大数据处理是信息时代的重要挑战之一。随着互联网、物联网和大数据技术的快速发展，产生了海量数据，这些数据需要高效处理和分析后才能得到使用。本章首先介绍分布式大数据处理的基本概念，然后介绍两种分布式数据处理的并行编程模型，即 MapReduce 编程模型和分布式图计算模型，最后重点介绍 MapReduce 工作原理和机制以及 MapReduce 的并行编程方法。

8.1 分布式大数据处理的基本概念

为了更好地理解分布式大数据处理，本节先引入分布式系统和大数据两个概念，再对分布式大数据处理的相关内容进行简单介绍。

8.1.1 分布式系统与大数据

1. 分布式系统

与超级计算机不同，分布式系统是由大量通过快速局域网连接起来的节点（商用计算机）组成的网络系统。相比于集中系统，分布式系统扩展性好，可以通过扩展其中的计算机数量来提高算力；分布式系统冗余度高，即可以令多台计算机提供相同的服务，这样一旦某台机器出了故障，也不会影响服务。数据量的爆发式增长，使得对分布式计算的需求越来越强烈，分布式系统也因此得到发展。分布式系统的实例有很多，比如基于 SOA(Service Oriented Architecture)的系统、大型多人网络游戏、P2P 程序等。

2. 大数据

知名咨询公司 Gartner 将大数据定义为"体量(Volume)巨大、速度(Velocity)快、时效性要求高、多种多样(Variety)的数据，这种数据必须使用性价比高且创新性强的信息处理方式来处理以获得洞见，帮助用户做出决策"。实际上，体量巨大并不是大数据唯一的特征，只有涉及的数据同时具有体量巨大、速度快、时效性要求高以及多种多样等特征时，才能称其为大数据。体量巨大是指需要处理的数据量从太字节到拍字节，甚至已经到了艾字节（即一百万倍太字节）数量级。多种多样是指数据往往来自不同的数据源，比如机器、传感器等，因此有结构化数据、半结构化数据和非结构化数据，这种数据管理起来更为复杂。根据 Gartner 的报告，"速度快指两个方面，数据产生的速度快以及处理数据的速度快"。实际上，数据过时得也很快。IBM 提出将准确度作为大数据的第五个特征，强调了获取的数据的不确定性。由于不同渠道收集到的数据在质量上会有很大的差异，数据分析和输出结果的错误程度和可信度在很大程度上取决于收集到的数据质量的高低。因此获得高质量的数据是大数据领域一个重要的需求和挑战，但即使是最好的数据清洗模型也无法消除某些数据内在的不确定性，如天气数据、经济数据或者一个消费者未来的购买决策等。此外，大数据的平均信息量很低，如果有足够大体量的数据，只有对整个数据集都进行分析，才可能从中发现规律和洞见。所以，如何迅速对大数据进行"提纯"，也是一项巨大的挑战。大数据是如此的复杂和巨大，以至于使用传统的关系型数据库管理系统（RDBMS）来处理和分析它会带来巨大开销（包括时间和金钱），有时候甚至是不可能完成的任务。

为了从大数据中提取有价值的信息，必须使用不同的技术。基本思想就是使用分布式存储和分布式处理以应对前文提到的五个特征，因此产生了基于分布式的大数据处理技术。

3. 分布式大数据处理

分布式大数据处理将无法处理的大数据问题按照处理、存储、通信等划分为可以处理的子问题，每个子问题由一个或多个计算机协同解决，计算机之间通过消息传递机制（如 HTTP、类 RPC 连接、消息队列等）进行通信。分布式大数据处理不仅适用于分析原始的结构化数据，还适用于分析半结构化数据和非结构化数据。硬件性价比的持续提升，以及新软件实现了节点集群的自动负载平衡和自动优化，再加上通信技术的持续进步，使得分布式大数据处理的应用越来越广泛。

分布式大数据处理也面临一些问题，如较高的硬件故障率、节点间数据分布的不合理以及安全问题。这些问题的解决方案一般基于分布式存储（如 HDFS、OpenAFS、XtreemFS 等）、集群资源管理（如 YARN、Mesos 等）以及大数据分析处理的并行编程模型（如 MapReduce、Spark、Flink 等）。

8.1.2　分布式数据库

由于大数据的体量巨大，而且数据增长速度十分快，因此传统的关系型数据库管理系统（RDBMS）已无法满足大数据的需求。针对这种需求出现了 NoSQL 数据库。NoSQL 是"Not Only SQL"的缩写，即"不只是 SQL"。这强调了 NoSQL 并不是和 SQL（结构化查询语言）完全不兼容，它描述了一大类通常不使用 SQL 查询的数据库。NoSQL 数据存储设计易于扩展，而且可以在普通的商用计算机上运行。NoSQL 并不适合所有的大数据处理，也不是传统的关系型数据库管理系统（RDBMS）的替代品，但是 NoSQL 可以协助 RDBMS，或者部分地替代 RDBMS。NoSQL 可以显著地减少开发时间，因为它不需要使用复杂的 SQL 查询来提取结构化数据。如果使用得当，NoSQL 数据库可以比传统数据库更及时地返回数据。实际上，NoSQL 数据库的产生就是为了解决大规模数据集合及多重数据种类（结构化数据、半结构化数据、非结构化数据）带来的问题，尤其是大数据应用难题。使用 NoSQL 可以为大数据建立快速、可扩展的存储库。NoSQL 中的数据模型可以分为以下几类：

（1）键值数据库（Key-Value Store，KVS）。键值数据库将值（Value）和索引（键，Key）关联起来存储。KVS 系统一般提供复制、版本控制、锁定、事务处理、排序等功能。应用程序接口（API）提供包括存、取、删、查等简单操作。代表性的键值数据库有 Redis，Oracle NoSQL 和 ArangoDB 等。

（2）文档数据库（Document Data Store，DDS）。文档数据库是用于将半结构化数据存储为文档的一种数据库，通常以 JSON 或 XML 格式存储数据。与 KVS 不同，DDS 一般支持辅助索引，而且一个数据库中可以有多个文档类型，可以有嵌套的文档或列表。代表性的文档数据库有 MongoDB。

（3）列式数据库（Column Store）。列式数据库是以列相关存储架构进行数据存储的数据库，主要适合批量数据处理和即时查询。代表性的列式数据库有 HBase 等。

（4）图数据库（Graph Data Store）。图数据库基于图理论，使用点、边等图结构来表示和存储实体之间的关系信息等数据。关系型数据库用于存储和处理关系型数据的效果并不好，其查询复杂、缓慢、超出预期。而图数据库的独特设计恰恰弥补了这个缺陷，能解决关系型数据库存储和处理复杂关系时的问题。特定的查询语言允许使用典型的图操作，如近邻、路径、距离等来对图数据库进行查询。图数据库的典型代表有 Neo4j 等。

传统关系型数据库有 ACID 属性，即原子性（Atomicity）、一致性（Consistency）、隔离性（Isolation）、持久性（Durability），必须保持这四个属性才能保证数据库事务被正确执行。在单个服务器或少数节点的数据库上保持 ACID 属性还相对容易。但是，随着数据量增长，数据必然采用分布式存储方式存储到多个节点上。这种情况下，如果还要保持 ACID 属性的话，通信成本将会非常高。根据 CAP 定理（CAP Theorem），即布鲁尔定理（Brewer's Theorem），对于一个分布式系统来说，不可能同时满足以下三个需求：

（1）一致性（Consistency）：所有节点在同一时刻有相同的数据；

（2）可用性（Availability）：保证每个请求不管成功还是失败都有响应；

（3）分割容忍性（Partition Tolerance）：分布式系统在遇到任何网络分区故障的时候，仍然能够对外提供满足一致性和可用性的服务，除非整个网络环境都发生了故障。

CAP 定理的核心是，一个分布式系统不可能同时很好地满足一致性、可用性和分割容忍错性这三个需求，最多只能同时较好地满足其中两个需求（如图 8-1 所示）。因此，根据 CAP 定理可将 NoSQL 数据库分成三大类：

（1）CA：单点集群，满足一致性、可用性的系统，通常可扩展性较弱；

（2）CP：满足一致性、分割容忍性的系统，通常性能不是特别高；

（3）AP：满足可用性、分割容忍性的系统，通常对一致性要求低一些。

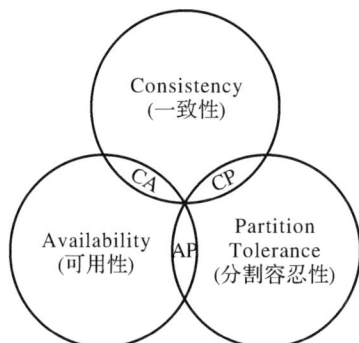

图 8-1 CAP 定理

对于现代分布式系统来说，分割容忍性并不是一个可选项，而是必须满足的。因此，我们必须在一致性和可用性之间做出权衡。

8.2　分布式编程模型

　　结合分布式大数据处理的特点，一个高效、可用的分布式编程模型应该满足以下要求：能够处理太字节以及拍字节以上的数据量，因此编程模型需要以数据为中心；能够处理现实生活中的各类异构数据格式，同时具备较高的数据处理效率，能够在几小时甚至几分钟内处理拍字节级以上的数据；尽可能简单易用，可对用户隐藏底层系统。

　　在分布式计算领域，从时效性出发，数据处理可分为在线数据应用和离线数据计算两大类。例如同样的 SQL 语言，使用在线数据应用可以处理类似"小明买了一部手机"之类的操作，也可以完成"最近 5 年所有手机商城成交量"的离线数据计算需求。本节将介绍离线数据计算的两种编程模型，即 MapReduce 编程模型和分布式图计算模型。

8.2.1　MapReduce 编程模型

　　与 MPI、OpenMP、CUDA 等计算任务并行化为主的分布式并行编程不同，MapReduce 是一种数据密集型的分布式并行编程模型，即数据并行化编程模型。MapReduce 编程模型的思想来自函数式编程，函数式编程里的两个函数（Map 函数和 Reduce 函数）组合构成了MapReduce 模型。MapReduce 模型的输入较灵活，可以是关系型数据，也可是其他格式的数据。Map 函数将一个键值对（Key-Value pairs）映射到一组新的键值对上，可以是一对一、一对多甚至一对零的映射；Reduce 函数将同一个索引（键，Key）以及它对应的一组值（Value）映射到一组新的键和值上。MapReduce 的主要实现平台有 Google MapReduce（这是MapReduce的起源）、Hadoop MapReduce（开源）和 ODPS MapReduce 等。

　　MapReduce 编程模型适用场景往往有一个共同的特点：任务可以被分解成相互独立的子问题。基于该特点，MapReduce 的编程模型共分 5 个步骤：

　　（1）迭代。遍历输入数据，并将其解析成键值对；

　　（2）将输入键值对映射成另外一些键值对；

　　（3）依据键值对中间数据进行分组；

　　（4）以组为单位对数据进行规约；

　　（5）迭代。将最终产生的键值对保存到输出文件中。

　　MapReduce 将计算过程分解成以上 5 个步骤的最大好处是实现了编程的组件化与并行化。基于 Hadoop 实现的 MapReduce 编程模型提供了一系列对外编程接口，用户可以通过这些接口完成应用程序的开发。Hadoop 的 Java API 提供了 5 个可编程组件，分别是InputFormat、Mapper、Partitioner、Reducer 和 OutputFormat。Hadoop 自带了很多直接可用的 InputFormat、Partitioner 和 OutputFormat，大部分情况下，用户只需编写 Map 函数和 Reducer 函数即可。

　　为了更好地理解 MapReduce 编程模型，下面介绍词频统计（WordCount）的 MapReduce 程序。词频统计程序是最有名的 MapReduce 程序，它相当于分布式编程界的HelloWorld 程序，其目标是统计文档中每个单词出现的次数。词频统计 MapReduce 程序的伪代码描述如代码清单 8-1 至代码清单 8-4 所示。

代码清单 8 - 1

```
class Mapper
    method Map (docid a, doc d)
    for all term t∈ doc d do
    Emit (term t, count 1)
class Reducer
    method Reduce (term t, counts [c1, c2, ...])
    sum ← 0
    for all count c∈ counts [c1, c2, ...] do
        sum ← sum + c
        Emit (term t, count sum)
```

代码清单 8 - 1 中，Map 方法输入的键值对是（docid，doc），前者是文档的编号，后者就是文档。Map 方法对文档中每个单词生成一个键值对，键（Key）是单词本身，值（Value）是 1。然后 MapReduce 实现 GroupBy 操作，即将相同的键（Key）所对应的值（Value）合并到一个列表中，生成新的键值对作为中间值。最后 Reduce 方法遍历这些键值对，统计单词数量，并将其写入文件中。

根据以上代码，我们使用 Hadoop 的 Java API 实现 Map 函数及 Redcue 函数，具体可参考代码清单 8 - 2 和代码清单 8 - 3。

代码清单 8 - 2

```
public void map (LongWritable key, Text value,
    OutputCollector<Text, IntWritable> output,
    Reporter reporter)
throws IOException {
        String line = value. toString();
        StringTokenizer tokenizer = new StringTokenizer(line);
        while (tokenizer. hasMoreTokens()) {
            word. set(tokenizer. nextToken());
            output. collect(word, one);
        }
    }
```

由以上代码可以看到，"map" 函数有四个参数，除了最核心的 "key" 和 "value" 两个参数外，还有专门用来存放输出结果的 "output" 参数以及用来记录程序的进度或者其他信息的 "reporter" 参数。这里的 "key" 和 "value" 的数据类型可以自定义。上面代码中输入 "value" 是 Text 类型，每一个 "value" 是一行文本数据；输入的 "key" 在 WordCount 中没有意义，可以忽略。首先把 "value" 转换成字符串，再把字符串用 Tokenizer 函数切分成单词，然后通过 while 循环把单词及数字 1 作为 "key" 和 "value" 输出，其中数字 1 是指单词在该行里只出现过一次。

代码清单 8 - 3

```
    public void reduce（Text key，Iterator<IntWritable> values，
        OutputCollector<Text，IntWritable> output，
        Reporter reporter)
throws IOException {
        int sum = 0；
        while（values. hasNext()) {
        sum += values. next(). get()；
        }
        output. collect(key，new IntWritable(sum))；
    }
```

由代码清单 8 - 3 可以看到，"reduce"函数同样有四个参数，其中输入的"key"是 Map
输出的"key"，输入的"value"列表是用迭代器 Iterator 来表示的。"reduce"的输入参数表示
一个键对应了多个值。MapReduce 已经将相同键的值聚合完毕，聚合部分对编程人员是透
明的。"reduce"函数内部的逻辑比较简单，依次读入"value"的值并把它们加起来得到一个
总数，最后把原始的"key"和计算得到的总数作为"value"输出。

根据以上 Map 函数和 Reduce 函数的实现，词频统计完整的 Java 实现代码如代码清单
8 - 4 所示。

代码清单 8 - 4

```
    import java. io. IOException；
    import java. util. StringTokenizer；
    import org. apache. hadoop. conf. Configuration；
    import org. apache. hadoop. fs. Path；
    import org. apache. hadoop. io. IntWritable；
    import org. apache. hadoop. io. Text；
    import org. apache. hadoop. mapreduce. Job；
    import org. apache. hadoop. mapreduce. Mapper；
    import org. apache. hadoop. mapreduce. Reducer；
    import org. apache. hadoop. mapreduce. lib. input. FileInputFormat；
    import org. apache. hadoop. mapreduce. lib. output. FileOutputFormat；
    public class WordCount {
        public static class TokenizerMapper
            extends Mapper<Object，Text，Text，IntWritable>{
            private final static IntWritable one = new IntWritable(1)；
            private Text word = new Text()；
            public void map(Object key，Text value，Context context
                        ) throws IOException，InterruptedException {
            //将输入 value 切成字符串
            StringTokenizer itr = new StringTokenizer(value. toString())；
```

```
        //遍历字符串,输出键值对<单词,1>
            while (itr. hasMoreTokens()) {
                word. set(itr. nextToken());
                context. write(word, one);
            }
        }
    }
public static class IntSumReducer
        extends Reducer<Text,IntWritable,Text,IntWritable> {
    private IntWritable result = new IntWritable();
    public void reduce(Text key, Iterable<IntWritable> values,
                    Context context
                        ) throws IOException, InterruptedException {
        int sum = 0;
        //遍历同个 key 对应的所有 value,并进行累加
        for (IntWritable val : values) {
            sum += val. get();
        }
        result. set(sum);
        //输出统计结果
        context. write(key, result);
    }
}
public static void main(String[] args) throws Exception {
    Configuration conf = new Configuration();
    Job job = Job. getInstance(conf, "word count");
    //指定 job 所在的 jar 包
    job. setJarByClass(WordCount. class);
    //设置 job 所用的 mapper 逻辑类
    job. setMapperClass(TokenizerMapper. class);
    //设置 job 所用的 combiner 逻辑类
    job. setCombinerClass(IntSumReducer. class);
    //设置 job 所用的 reducer 逻辑类
    job. setReducerClass(IntSumReducer. class);
    //设置输出键值对的数据类型
    job. setOutputKeyClass(Text. class);
    job. setOutputValueClass(IntWritable. class);
    //设置输入、输出的路径
    FileInputFormat. addInputPath(job, new Path(args[0]));
    FileOutputFormat. setOutputPath(job, new Path(args[1]));
    //提交 job
    System. exit(job. waitForCompletion(true) ? 0 : 1);
}
```

以上 Java 代码需要在 Hadoop 平台上运行。有关 Hadoop 平台搭建及 MapReduce 在其上的运行，将在第 9 章进行详细介绍。

词频统计的 MapReduce 程序的整个实现过程可参考图 8-2。

在分布式编程的领域中，MapReduce 编程模型具有如下特点(可以很好地解决底层系统的复杂度的问题)：

(1) 并发性高。MapReduce 程序可以多线程或者多进程并发执行。MapReduce 编程模型根据数据量将数据进行了自动切分，很好地实现了负载均衡。Map 函数依赖于输入数据，而 Reduce 函数只依赖于前面的 Map 函数的输出。各个函数之间相互没有影响，所以任何一个 Map 或者 Reduce 函数都可以独立运行。

(2) 容错性强。因为分布式文件系统的数据都有副本(Replication)，一台机器的故障只会影响部分任务的执行而不会影响任务输入数据的完整性，所以每个任务都可以重新启动，并且根据函数式编程的特点，重新计算任务并不影响结果。此外 MapReduce 的 Application Master 节点可以监控到失败任务，然后自动在其他机器上重新运行失败的任务。

(3) 数据本地化。利用 YARN 等资源协调器的调度功能，MapReduce 编程模型一般会于输入数据所在的机器上启动任务，可以完美地解决数据本地化问题，减少因数据在机器间传输造成的开销。

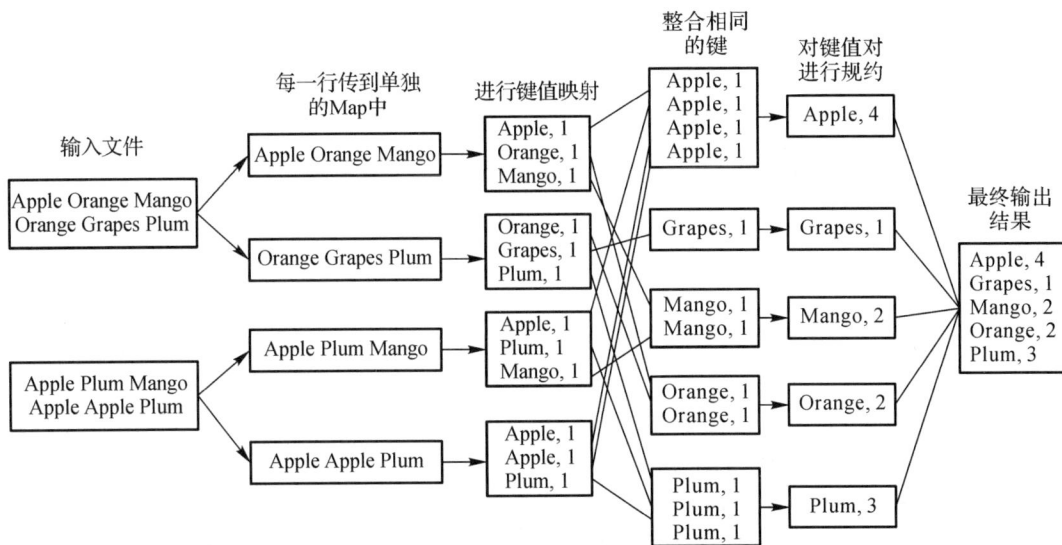

图 8-2　词频统计示例

MapReduce 编程模型的应用场景非常广泛，常用于网站日志分析(如广告点击日志、搜索日志等)和流量统计(如访问来源分析、广告点击消耗统计等)、商业数据分析、机器学习和数据挖掘(如相关推荐、协同过滤算法等)以及分布式索引(如网页索引)等方面。

8.2.2　分布式图计算模型

图是一类重要的数据类型，其结构很简单。图 8-3 所示是一个有向图的具体结构。图中包含顶点和边两种对象，每个顶点都有 ID 号，边是顶点与顶点之间的关系。每个顶点和边都有它们的属性，如一条边的距离属性表示两个点之间的距离。图 8-4 给出了一个实际的图，表示某个支付网站中的会员关系。其中点可能是某个会员或会员登录的某台电脑，会员之间的关系可能是朋友或转账关系，都可以用关系图中的边表示。会员和电脑之间也可能发生关系，如 Alice 登录了 Joe 的电脑，则 Alice 顶点到 Joe 的电脑之间会产生一条有向边。

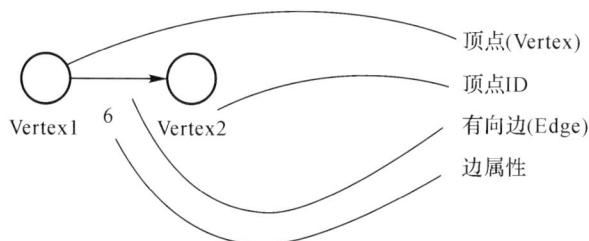

图 8-3 有向图示例

事实上，许多实际应用问题中涉及的图的规模比上述示例大得多，比如网页链接关系和社会关系图等，常常有数十亿个顶点和上万亿条边。这么大的规模，给需要在其上进行高效计算的应用提出了巨大的难题。对于大规模的图计算，其难点在于如何将图的存储和计算分布式化。MapReduce 和关系型运算在处理关系型数据时具有优势，但处理图类型的数据时仍然存在很多问题，比如，输入输出问题导致迭代计算效率低，数据之间只能通过键进行关联等。

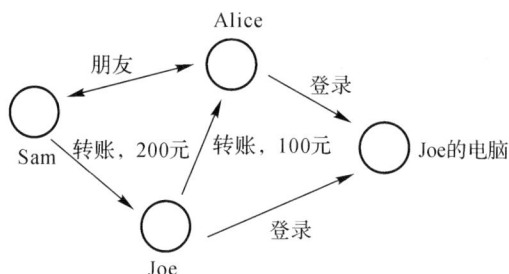

图 8-4 会员关系图示例

Pregel 是 Google 提出的大规模分布式图计算平台，专门用来解决实际应用中涉及的大规模分布式图计算问题。Pregel 的分布式图计算模型与其他图计算模型一样，都采用块同步并行(Bulk Synchronous Parallel，BSP)模型(见图 8-5)。BSP 模型已经在第 3 章中做了介绍，这里我们再做一下回顾。BSP 计算模型不仅是一种体系结构模型，也是设计并行程序的一种方法。BSP 程序设计准则是块同步，其独特之处在于超步概念的引入(如图 8-6 所示)。一个 BSP 程序同时具有水平和垂直两个方向的结构。从垂直方向看，一个 BSP 程序由一系列串行的超步组成。这种结构类似于一个串行程序结构。从水平方向看，在一个超步中，所有的进程并行执行局部计算。超步可分为三个阶段：① 本地计算阶段：计算单元只对本地内存中的数据做计算；② 全局通信阶段：数据交换；③ 同步障碍阶段。

由此可见，BSP 模型有如下特点：

(1) 将计算任务分成多个计算单元(进程)进行并发计算；

(2) 计算单元之间可以相互通信；

(3) 有同步障碍(Barrier Synchronisation)。

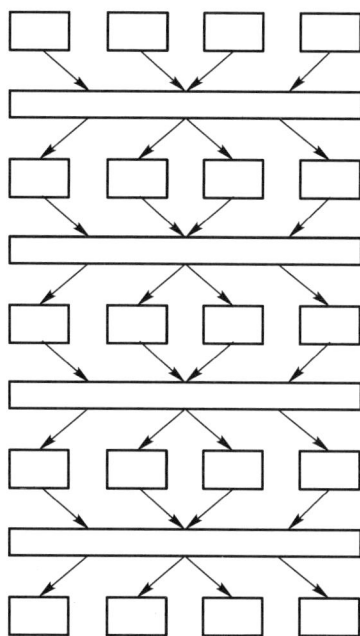

图 8-5 BSP 模型示意图

进程

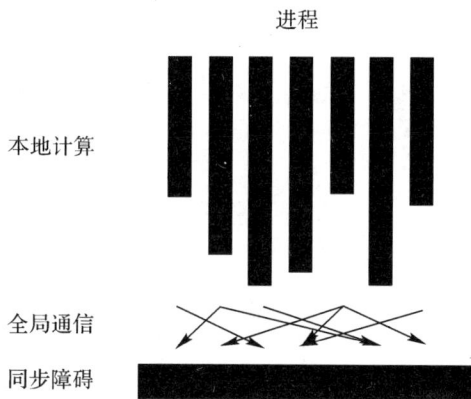

本地计算

全局通信

同步障碍

图 8-6 超步示意图

因而 BSP 的优点是：数据本地化要求高，可以提升性能；编程模型简单，可以采用更加灵活的数据处理方式；有同步障碍，因而不会产生死锁。但是，也正因为有同步障碍，所以其开销较大，而且计算单元间可能存在数据不均衡。

Pregel 在概念模型上采用 BSP 模型，整个计算过程由若干顺序运行的超步组成，系统从一个"超步"迈向下一个"超步"，直到达到算法的终止条件。一个典型的 Pregel 计算过程如下：① 读取图数据并对图初始化；② 初始化完毕，执行一系列的超步直到整个计算结束，这些超步之间通过一些同步障碍进行分隔；③ 输出计算结果。在每个超步中，顶点上的计算都是并行的，每个顶点执行相同的用于表达指定逻辑的用户自定义函数。每个顶点都需修改自身以及出边的状态，接收前一个超步发送给它的消息，并将计算的结果或信息发送给其他顶点，这些信息会在下一个超步中被目标顶点接收。边在这种计算模式中并不是核心对象，只用于表明消息传递的方向，没有相应的计算运行在其上。

8.3　MapReduce 的执行流程与容错机制

8.3.1　MapReduce 的执行流程

本节具体介绍在基于 Hadoop 平台的 MapReduce 实现中，MapReduce 作业的执行流程。它在最顶层有 5 个部分，分别是：

（1）客户端(Client)：提交 MapReduce 作业。

（2）资源管理器(Resource Manager)：协调集群中所有计算资源。

（3）节点管理器(Node Managers)：启动和监控集群机器上的计算容器。

（4）Application Master：协调运行 MapReduce 作业的任务。Application Master 和 MapReduce 任务都运行在计算容器中，这些计算容器由资源管理器分配并由节点管理器进行管理。

（5）分布式文件系统(通常是 HDFS)：用来在各部分之间共享作业文件。

基于 Hadoop 平台的 MapReduce 具体执行流程包括作业提交、作业初始化、任务分配、任务执行、Streaming、进度和状态更新、作业完成。

1. 作业提交

在 Hadoop 中，作业提交有两种方法。一种是使用 Job 对象的 submit()方法，另一种是调用 waitForCompletion()。8.2 节词频统计的 Java 实现中使用的即是后一种方法，本节则使用前者。

当我们使用 Job 对象的 submit()方法创建一个内部的 JobSubmitter 实例之后，可在其上调用 submitJobInternal()，对应图 8-7 中第 1 步。作业被提交，waitForCompletion()每秒轮询作业提交进度，如果自上次报告后发生了变化，就把作业提交进度报告给控制台。作业提交成功完成时，会显示作业计数器；如果失败了，导致作业提交失败的错误会被记录到控制台。

由 JobSubmitter 实现的作业提交流程(图 8-7 中第 1 步至第 4 步)如下所述：

（1）向资源管理器申请一个新的应用程序 ID 作为 MapReduce 作业 ID(见图 8-7 第 2 步)。

（2）检查作业的输出说明。比如说，如果没有指定输出路径或者输出路径早已存在，作业就不会被提交，而且 MapReduce 程序会得到一个错误。

（3）计算作业输入分片。如果分片无法计算(比如由于输入路径不存在)，作业就不会被提交，而且 MapReduce 程序会得到一个错误。

（4）把运行作业所需要的资源(包括作业 JAR 文件、配置文件和计算好的输入分片)拷贝到以作业 ID 命名的路径下的共享文件系统中(见图 8-7 第 3 步)。作业 JAR 文件被拷贝若干份(由 mapreduce. client. submit. file. replication 属性控制，默认值为 10)，这样当运行作业任务时，整个集群中有很多副本供节点管理器访问。

（5）通过调用资源管理器上的 submitApplication()来提交作业(见图 8-7 第 4 步)。

2. 作业初始化

当资源管理器收到对其 submitApplication() 的调用时，它将请求传递给 YARN 调度器。调度器分配一个容器，然后资源管理器在节点管理器的管理下启动 Application Master 进程(见图 8-7 第 5a、5b 步)。

MapReduce 作业的 Application Master 是一个 Java 应用程序，它的主类是 MRApp Master。它在初始化作业时创建多个簿记对象来跟踪作业进度、接收任务进度报告和任务完成报告(见图 8-7 第 6 步)。然后，Application Master 从共享文件系统取出计算好的输入分片(见图 8-7 第 7 步)。接下来，Application Master 为每个输入分片创建一个 map 任务对象，并创建若干个 reduce 任务对象(数量由 mapreduce.job.reduces 属性决定，该属性可用 Job 的 setNumReduceTasks() 方法设置)。此时每个任务都被分配了 ID。

Application Master 必须决定怎样运行 MapReduce 作业任务。对于很小的作业，Application Master 可能会选择在它所在的 Java 虚拟机(Java Virtual Machine，JVM)上运行这些任务。当 Application Master 判断某个并行运行任务相较于在一个节点上顺序运行任务所获得的性能提升不足以抵消在新容器中分配并运行任务的开销时，它可能会将该任务作为一个 Uber 任务(或 Uberized 任务)来运行。

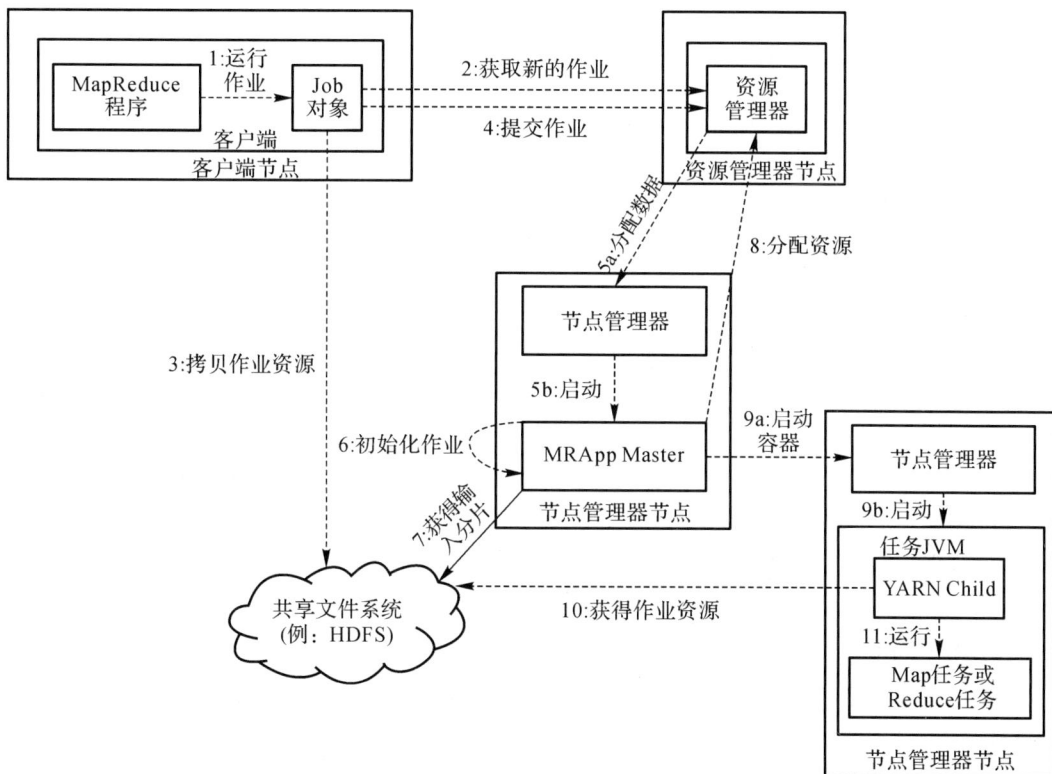

图 8-7　MapReduce 作业执行流程图

什么样的任务是小任务呢？默认情况下，mapper 数量小于 10 个，只有 1 个 reducer，而且输入大小小于一个 HDFS 块大小的任务，就是小任务(注意：这些值都可以分别通过设置 mapreduce.job.ubertask.maxmaps、mapreduce.job.ubertask.maxreduces、mapreduce. job. ubertask. maxbytes 来进行相应更改）。Uber 任务必须通过将 mapreduce. job. ubertask. enable 设置为 true 来显性地启用它。

最后，在运行任务之前，Application Master 调用 OutputCommitter 的 setupJob（）方法。对于默认的 FileOutputCommitter，setupJob（）方法将创建作业的最终输出路径和输出任务的临时工作空间。

3. 任务分配

如果作业不适合作为 Uber 任务运行，那么 Application Master 就会为该作业中所有的 Map 和 Reduce 任务向资源管理器请求容器（见图 8-7 第 8 步）。先为 Map 任务请求容器，因为所有的 Map 任务必须在 Reduce 任务的排序阶段之前完成。直到 5％ 的 Map 任务完成后才开始为 Reduce 任务请求容器。

Reduce 任务可以在集群中任意位置运行，但是调度器处理 Map 任务的容器请求时要满足数据本地化约束。在理想情况下，任务是数据本地化的（Data Local），即任务就在分片所在的节点上运行。当然任务也可以是机架本地化的（Rack Local），即任务和分片不在同一个节点上，但在同一个机架上。还有些任务既不是数据本地化的，也不是机架本地化的，需要从另外的机架上获取数据。对于一个特定的运行作业，可以通过查看作业计数器来得知每种本地化任务的数量。

容器请求同时也为每个任务指定了内存需求和 CPU。默认情况下，每个 Map 和 Reduce 任务都会被分配 1024 MB 内存和一个虚拟核心。这些值可以通过设置 mapreduce. map. memory. mb、mapreduce. reduce. memory. mb、mapreduce. map. cpu. vcores 和 mapreduce. reduce. cpu. vcores 来改变。

4. 任务执行

当资源管理器的调度器在节点上为任务分配了容器后，Application Master 通过与节点管理器通信来启动容器（见图 8-7 第 9a、9b 步）。任务由主类为 YARN Child 的 Java 应用程序执行。在该 Java 应用程序运行任务前，它会从共享文件系统中取出任务所需的资源（包括作业配置、JAR 文件和分布式缓存文件）（见图 8-7 第 10 步）。最后再运行任务（见图 8-7 第 11 步）。

YARN Child 运行在专用的 JVM 中，这样用户定义的 Map 和 Reduce 函数中的任何 Bug 都不会影响到节点管理器。每个任务都可以执行设置（Setup）和提交（Commit）操作，这些操作和任务运行在同一个 JVM 上，并由作业的 OutputCommitter 确定。对于基于文件的作业，提交操作将任务的输出由临时位置移动到最终位置。

5. Streaming

Streaming 运行特殊的 Map 和 Reduce 任务，目的是启动用户提供的可执行文件并与之通信（如图 8-8 所示）。

Streaming 任务使用标准的输入输出和进程进行通信。在任务执行过程中，Java 进程将输入键值对传给外部进程，外部进程使用用户提供的 Map 或 Reduce 函数运行它，并将输出的键值对传回 Java 进程。从节点管理器的角度看，这就像子进程自己在运行 Map 或 Reduce 代码一样。

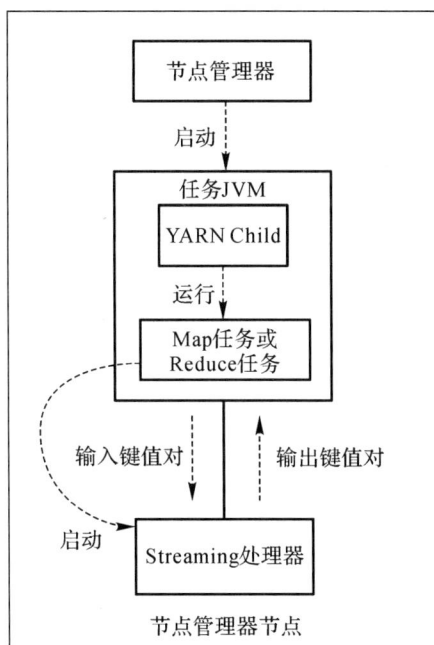

图 8 - 8　Streaming 流程图

6. 进度和状态更新

MapReduce 作业是长时间运行的批处理作业，运行时间从几秒到几个小时不等。因为这可能耗费很长的一段时间，所以让用户能得到有关作业进度的反馈是很重要的。作业及其每个任务都有一个状态，这个状态包含了作业和任务的运行情况（运行中、已完成或失败）、Map 和 Reduce 的进展、作业计数器的值以及作业状态描述。这些状态信息在整个作业过程中不断变化，所以怎样将这些信息传送给客户端呢？

当一个任务在运行的时候，它会跟踪自己的进度（即完成百分比）。对于 Map 任务来说，进度就是已处理部分占输入的比例。对于 Reduce 任务来说，情况有些复杂，但系统仍然可以估算已处理部分占 Reduce 输入的比例。任务也有一组计数器对任务运行过程中的各个事件计数。这些计数器要么内置于模型中，要么被用户定义。

Map 或 Reduce 任务运行时，子进程通过 umbilical 接口向父级 Application Master 通信。任务通过 umbilical 接口每 3 秒钟向 Application Master 报告任务进度和状态（包括计数器），这样 Application Master 就可以获得作业的一个聚合视图。

资源管理器的 Web UI 会显示所有正在运行的应用、对应的 Application Masters 的链接以及 MapReduce 作业的进度等更多细节。

在作业运行过程中，客户端通过每秒轮询 Application Master 来接收作业的最新状态（轮询间隔可以通过 mapreduce. client. progressmonitor. pollinterval 设置）。客户端也可以使用 getStatus()方法来获得 JobStatus 实例，该实例包含所有作业状态信息。整个过程可参见图 8 - 9。

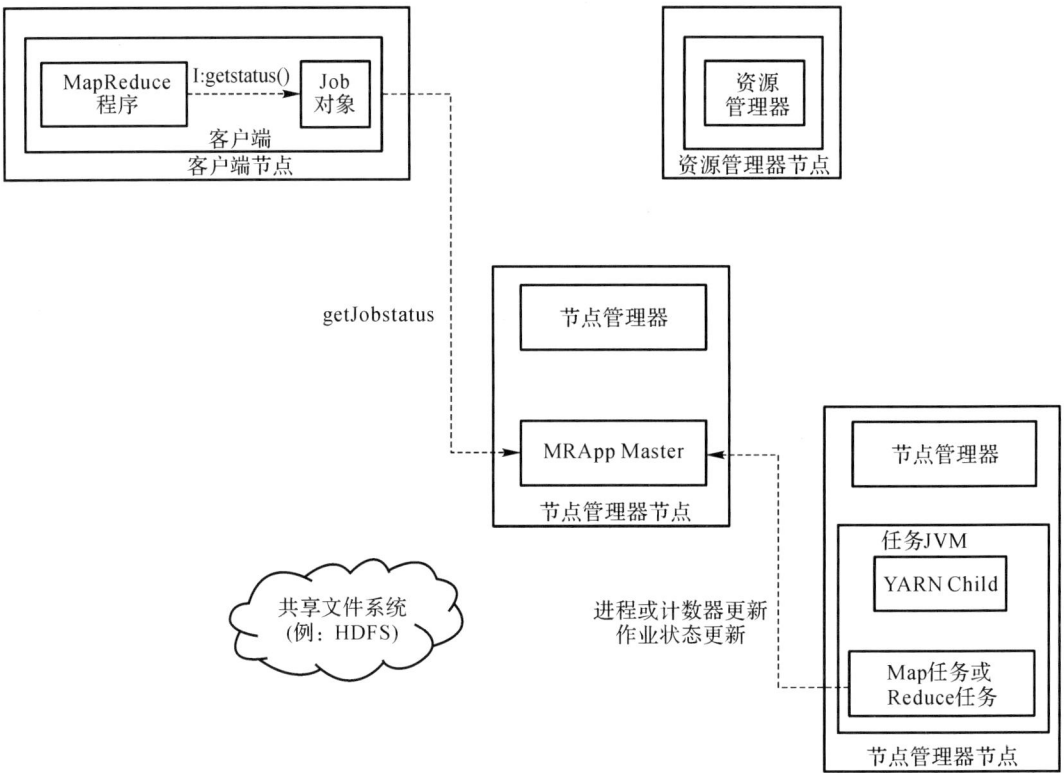

图 8-9　状态更新信息在 MapReduce 系统中的传播

7. 作业完成

当 Application Master 接收到作业的最后一个任务已经完成的通知后，它将作业的状态信息更改为"成功"。然后，当作业查询状态时，就会知道作业已经完成，接着作业打印一条信息告知用户，并从 waitForCompletion() 方法返回。作业统计信息和计数值也在此时打印到控制台。

如果有相应的设置，Application Master 还会返回一个 HTTP 作业通知，这可以通过 mapreduce.job.end-notification.url 属性来设置。

最后，当作业完成后，Application Master 和任务容器会清空它们的作业状态，中间输出也会被删除，而且会调用 OutputCommitter 的 commitJob() 方法，将作业信息存档到作业历史服务器，以便在用户需要时进行查询。

8.3.2　MapReduce 的容错机制

现实情况中，用户代码会有 Bug，进程会崩溃，机器会发生故障。MapReduce 的容错机制可以处理这些状况，让作业任务成功完成。我们考虑以下几种实体的失败：任务、Application Master、节点管理器和资源管理器。

1. 任务失败

任务失败中最常见的情况是 Map 或 Reduce 任务中用户代码运行异常。如果发生这种情况，任务 JVM 会在退出前将错误报告给父级的 Application Master。错误最终会记录到用户日志里。Application Master 会将这次任务尝试标记为失败（Failed），并释放容器供其他任务运行。

对于 Streaming 任务，如果 Streaming 进程的退出代码不是 0，就被标记成失败（Failed），这个行为由 stream. non. zero. exit. is. failure 属性控制（默认值为 true）。

另一种失败情况是任务 JVM 突然退出。这可能是 JVM 的错误导致 JVM 在运行 MapReduce 某些用户代码时退出。在这种情况下节点管理器会注意到进程已经退出，并会通知 Application Master 将这次任务尝试标记为失败（failed）。

对挂起任务的处理有些不同，如果 Application Master 感知到它已有一段时间没有接收到进度更新的通知，它会将任务标记为 failed，并且在一段时间后会自动终止 JVM 进程。任务被视为失败的超时时间通常为 10 min，也可以通过设置 mapreduce. task. timeout 属性值（单位为毫秒）针对每个作业进行设置。

设置 mapreduce. task. timeout 的属性值为 0 将禁用超时失败的约束时间，对于长时间运行的任务来说，将永远不会被标记为失败，挂起的任务将永远不会释放容器（Container），并且随着时间的推移可能会导致集群变慢。这种情况是应该要避免的，并且确保任务定期报告进度。

当 Application Master 被告知一个任务已经失败，那么它会重新调度执行任务。Application Master 会尽量避免在之前失败的同一个节点上重新调度任务。此外，如果一个任务失败 4 次（这个次数是可以设置的），将不会被再次重试。运行作业的最大尝试次数是由 Map 任务的 mapreduce. map. maxattempts 属性和 Reduce 任务的 mapreduce. reduce. maxattempts 属性值控制的。默认情况下，任何一个任务失败了 4 次（或是配置的最大尝试次数），那么整个 Job 都将是失败的。

对于一些应用，如果仅有少数的任务失败，则并不希望终止作业，因为尽管有些失败，但是结果也许还是可以用的。在这种情况下，可以为作业设置允许任务失败而不会触发作业失败的最大百分比。Map 任务和 Reduce 任务是使用 mapreduce. map. failures. maxpercent 和 mapreduce. reduce. failures. maxpercent 属性来单独控制的。

一个任务被终止和它失败是不同的。一个任务被终止可能是因为节点管理器运行故障，或是因为 Application Master 要终止所有运行在其上的任务。被终止的任务不会再被尝试重新调度，因为这不是任务失败了。

用户也可以通过 Web UI 或命令行来终止任务或使任务失败，同样，作业也是可以被终止的。

2. Application Master 失败

就像 MapReduce 对于失败的任务会尝试几次重新调度一样，在 YARN（资源、节点管理器）中的应用如果失败了也会重新尝试运行。尝试运行 Application Master 的最大次数是由 mapreduce. am. max-attempts 属性控制的，默认值为 2。如果一个 Application Master 失败了两次，那么它将不会被再次尝试，MapReduce 作业将失败。

YARN 规定了 Application Master 在集群中的最大尝试次数，独立应用的尝试次数不能超过这个次数。这个次数通过 yarn. resourcemanager. am. max-attempts 属性设置，默认为 2。如果想要增加 Application Master 的尝试次数，还必须在集群中增加 YARN 的设置值。

故障恢复方式如下：Application Master 定期发送心跳到资源管理器，包括 Application Master 失败的事件，如果资源管理器检测到失败的事件，会在一个新的容器中重新启动一个 Application Master 实例（由节点管理器管理）。对于新的 Application Master 来说，它会根据已失败的应用程序运行的作业的历史记录来恢复任务的状态，所以不需要重新运行它们。恢复设置默认是启用的，但可以通过设置 yarn. app. mapreduce. am. job. recovery. enable 属性值为 false 来禁用它。

MapReduce 客户端会向 Application Master 轮询进度报告，但是如果 Application Master 失败了，客户端需要重新查找一个新的实例。在作业初始化期间，客户端会向资源管理器询问 Application Master 的地址，然后缓存它，所以它每次轮询 Application Master 的请求时不会使资源管理器超载。但是，如果 Application Master 失败了，客户端的轮询请求将会超时，此时客户端会向资源管理器请求一个新的 Application Master 地址。这个过程对用户是透明的。

3. 节点管理器失败

如果一个节点管理器因中断或运行缓慢而失败，那么它将不会发送"心跳"到资源管理器（或者发送次数较少）。如果资源管理器在 10 min 内（这个配置可以通过 yarn. resourcemanager. nm. liveness-monitor. expiry-interval-ms 属性设置，以毫秒为单位）没有接收到一个"心跳"，它会感知到节点管理器已经停止，并把它从节点集群中移除。

在出现故障的节点管理器的节点上运行的任何任务或 Application Master 能被恢复。另外，对于出现故障的节点管理器的节点，Application Master 分配在其上已经运行完成的 Map 任务，如果这些 Map 任务属于未完成的作业，它们将会被重新运行，因为它们的中间输出存放在故障节点管理器节点的本地文件系统中，Reduce 任务可能不能访问。

对于一个应用来说，如果节点管理器出现故障的概率比较高，它可能会被列入黑名单（Blacklisted），即使节点管理器自身没有出现故障也是如此。黑名单是由 Application Master 管理的。如果一个节点管理器有 3 个以上的任务失败，Application Master 将会在其他节点上重新调度这些任务。用户可以使用作业的 mapreduce. job. maxtaskfailures. per. tracker 属性设置一个阈值。

需要注意的是，节点管理器并不管理黑名单，所以一个新的作业任务可能会被调度到一个被之前作业正在运行的 Application Master 加入黑名单的节点管理器节点上。

4. 资源管理器失败

资源管理器（Resource Manager）出现故障是比较严重的，因为没有它，作业和任务都不能被启动。默认配置中，资源管理器是一个单点故障，因为在机器出现故障时，所有的作业都会失败，并且不能被恢复。

为了提高资源管理器的可用性，有必要以一种活动-备用（Active-Standby）配置模式运行一对资源管理器。如果活动的资源管理器出现故障，备用的资源管理器可以很快接管，并且对客户端来说没有明显的中断现象。

所有有关运行的应用信息都会被存储在一个具有高可用性的状态存储器（比如 Zookeeper 或 HDFS）中，所以备用的资源管理器可以恢复出现故障的活动的资源管理器的核心状态。节点管理器的信息并没有存储在状态存储器中，因为在节点管理器向新的资源管理器发送第一个心跳时，它可以从新的资源管理器中快速重建。要注意的是，任务不是资源管理器状态的一部分，因为任务是由 Application Master 管理的。

当新的资源管理器启动时，它从状态存储器中读取应用信息，然后为集群中正在运行的所有应用重启 Application Master。这不会被计入失败应用的尝试次数（即不计入 yarn. resourcemanager. am. max-attempts），因为应用程序并没有因错误的代码而失败，而是被系统强制终止的。实际上，Application Master 的重启并不影响 MapReduce 应用程序，因为它们会通过已完成的作业来恢复工作。

资源管理器从备用（Standby）转为活动（Active），是由故障控制器处理的。故障控制器默认是自动的，它使用 Zookeeper 的选举领导者（Leader Election）方式，确保在同一时间只有一个活动的资源管理器。

故障控制器不必是一个独立的进程，而可以默认嵌入资源管理器中。当然它也是可以手动配置的，但不推荐这样做。必须对客户端和节点管理器进行配置来处理资源管理器的故障切换，因为故障控制器是同时和两个资源管理器通信的，它会以循环的方式尝试链接每一个资源管理器，直到找到一个活动的资源管理器。如果活动的资源管理器出现故障，它将重试，直到备用的资源管理器变为活动的资源管理器。

8.4　基于 MapReduce 的并行算法设计

8.2 节已经介绍了词频统计 MapReduce 程序。本节将进一步介绍在 MapReduce 下实现的其他的任务，以使读者对 MapReduce 并行算法设计有更深刻的理解。

8.4.1　排序算法

这里的排序任务是：对于给定的两列（即两个字段）数据，首先对数据按照第一列升序排列，当第一列相同时，按照第二列升序排列。例如，对于以下两列数据，可以得到排序结果如下：

```
3    3
3    2
3    1
2    2
2    1
1    1
--------------------
# 结果
1    1
2    1
2    2
3    1
3    2
3    3
```

MapReduce 默认排序算法只对 Key 进行了排序，并没有对 Value 进行排序，不能满足任务的要求，所以要满足任务要求，需要自定义一个排序算法。在 Map 和 Reduce 阶段进行排序时，比较的是 Key(这里用 k2 表示)，Value(这里用 v2 表示)是不参与排序比较的。如果要想让 v2 也进行排序，需要把 k2 和 v2 组装成新的类作为 k2，才能参与比较。所以在这里我们新建一个 NewK2 类型来封装原来的 k2 和 v2，如代码清单 8-5 所示。

代码清单 8-5

```java
import java.io.DataInput;
import java.io.DataOutput;
import java.io.IOException;
import java.net.URI;
import org.apache.hadoop.conf.Configuration;
import org.apache.hadoop.fs.FileSystem;
import org.apache.hadoop.fs.Path;
import org.apache.hadoop.io.LongWritable;
import org.apache.hadoop.io.Text;
import org.apache.hadoop.io.WritableComparable;
import org.apache.hadoop.mapreduce.Job;
import org.apache.hadoop.mapreduce.Mapper;
import org.apache.hadoop.mapreduce.Reducer;
import org.apache.hadoop.mapreduce.lib.input.FileInputFormat;
import org.apache.hadoop.mapreduce.lib.input.TextInputFormat;
import org.apache.hadoop.mapreduce.lib.output.FileOutputFormat;
import org.apache.hadoop.mapreduce.lib.output.TextOutputFormat;
import org.apache.hadoop.mapreduce.lib.partition.HashPartitioner;
public class SortApp {
    //定义输入输出路径
    static final String INPUT_PATH = "hdfs://hadoop:9000/newinput";
    static final String OUT_PATH = "hdfs://hadoop:9000/newoutput";
    public static void main(String[] args) throws Exception{
        final Configuration configuration = new Configuration();
        final FileSystem fileSystem = FileSystem.get(new URI(INPUT_PATH), configuration);
        if(fileSystem.exists(new Path(OUT_PATH))){
            fileSystem.delete(new Path(OUT_PATH), true);
        }
        final Job job = new Job(configuration, SortApp.class.getSimpleName());
        //指定输入文件路径
        FileInputFormat.setInputPaths(job, INPUT_PATH);
        //指定输入文件的类
        job.setInputFormatClass(TextInputFormat.class);
        //指定自定义的 Mapper 类
        job.setMapperClass(MyMapper.class);
```

```
//指定输出<k2,v2>的类型
    job. setMapOutputKeyClass(NewK2. class);
    job. setMapOutputValueClass(LongWritable. class);
    //指定分区类
    job. setPartitionerClass(HashPartitioner. class);
    job. setNumReduceTasks(1);
    //指定自定义的 Reduce 类
    job. setReducerClass(MyReducer. class);
    //指定输出<k3,v3>的类型
    job. setOutputKeyClass(LongWritable. class);
    job. setOutputValueClass(LongWritable. class);
    //指定输出路径
    FileOutputFormat. setOutputPath(job, new Path(OUT_PATH));
    //设定输出文件的格式化类
    job. setOutputFormatClass(TextOutputFormat. class);
    //提交作业
    job. waitForCompletion(true);
}
static class MyMapper extends Mapper<LongWritable, Text, NewK2, LongWritable>{
    protected void map(LongWritable key, Text value,
    org. apache. hadoop. mapreduce. Mapper<LongWritable,Text,NewK2,LongWritable>
    . Co        ntext context) throws java. io. IOException ,InterruptedException {
        //将输入切成字符串
        final String[] splited = value. toString(). split("\t");
        //使用输入 Key 和 Value 生成新的 Key
        final NewK2 k2 = new NewK2(Long. parseLong(splited[0]),
        Long. parseLong(splited[1]));
        final LongWritable v2 = new LongWritable(Long. parseLong(splited[1]));
        //输出中间结果
        context. write(k2, v2);
    };
}
static class MyReducer extends Reducer<NewK2, LongWritable, LongWritable,
        LongWritable>{
    protected void reduce(NewK2 k2, java. lang. Iterable<LongWritable> v2s,
    org. apache. hadoop. mapreduce. Reducer<NewK2,LongWritable,LongWritable,LongWritabl
    e>. Context context) throws java. io. IOException ,InterruptedException {
        //输出最终结果
        context. write(new LongWritable(k2. first), new LongWritable(k2. second));
    };
}
/ *
```

```
 * MapReduce 默认排序算法只对 Key 进行排序，Value 不参与排序
 * 因此把 Key 和 Value 封装到一个类中，作为新的 Key 进行排序
 */
static class NewK2 implements WritableComparable<NewK2>{
    Long first;
    Long second;
    public NewK2(){ }
    public NewK2(long first, long second){
        this.first = first;
        this.second = second;
    }
    @Override
    public void readFields(DataInput in) throws IOException {
        this.first = in.readLong();
        this.second = in.readLong();
    }
    @Override
    public void write(DataOutput out) throws IOException {
        out.writeLong(first);
        out.writeLong(second);
    }
    /**
     * 对 k2 进行排序时，会调用该方法.
     * 当第一列不同时，升序排列；当第一列相同时，第二列升序排列
     */
    @Override
    public int compareTo(NewK2 o) {
        final long minus = this.first - o.first;
        if(minus !=0){
            return (int)minus;
        }
        return (int)(this.second - o.second);
    }
    @Override
    public int hashCode() {
        return this.first.hashCode()+this.second.hashCode();
    }
    @Override
    public boolean equals(Object obj) {
        if(!(obj instanceof NewK2)){
            return false;
        }
```

```
            NewK2 oK2 ＝（NewK2）obj；
            return（this. first＝＝oK2. first）＆＆（this. second＝＝oK2. second）；
        }
    }
}
```

8.4.2　倒排索引

倒排索引可用如下的例子说明。

要求：下面是用户播放音乐的记录，统计歌曲被哪些用户播放过。

tom	LittleApple
jack	YesterdayOnceMore
Rose	MyHeartWillGoOn
jack	LittleApple
John	MyHeartWillGoOn
kissinger	LittleApple
kissinger	YesterdayOnceMore

结果如下：

LittleApple　　　　　　value0：tom｜value1：jack｜value2：kissinger

YesterdayOnceMore　　value0：jack｜value1：kissinger

MyHeartWillGoOn　　　value0：Rose｜value1：John

根据任务要求，我们可以这样描述任务：将输入键值对的键值翻转，然后合并相同的键对应的值。把上述步骤分解为 Map 和 Reduce 阶段，Map 阶段实现对输入键值对的翻转，Reduce 阶段实现对新的键值对的规约。具体实现代码如代码清单 8 - 6 所示。

代码清单 8 - 6

```
import java. io. IOException；
import java. util. StringTokenizer；
import org. apache. hadoop. conf. Configuration；
import org. apache. hadoop. fs. Path；
import org. apache. hadoop. io. Text；
import org. apache. hadoop. mapreduce. Job；
import org. apache. hadoop. mapreduce. Mapper；
import org. apache. hadoop. mapreduce. Reducer；
import org. apache. hadoop. mapreduce. lib. input. FileInputFormat；
import org. apache. hadoop. mapreduce. lib. output. FileOutputFormat；
import org. apache. hadoop. util. GenericOptionsParser；
public class Music {
    public static class MusicMap extends Mapper＜Object，Text，Text，Text＞ {
        @Override
```

```java
        public void map(Object key, Text value, Context context)
                throws IOException, InterruptedException {
            StringTokenizer itr = new StringTokenizer(value.toString());
            //遍历输入,将 music 作为 Key,name 作为 Value,生成中间键值对
            while (itr.hasMoreTokens()) {
                String content = itr.nextToken();
                String[] splits = content.split(",");
                String name = splits[0];
                String music = splits[1];
                context.write(new Text(music), new Text(name));
            }
        }
    }
    public static class MusicReduce extends Reducer<Text, Text, Text, Text> {
        private Text userNames = new Text();
        @Override
        public void reduce(Text key, Iterable<Text> values, Context context)
                throws IOException, InterruptedException {
            userNames.set("");
            StringBuffer result = new StringBuffer();
            int i = 0;
            //遍历同一个 Key(music)对应的 Value,并将其加到结果中
            for (Text tempText : values) {
                result.append("value" + i + ":" + tempText.toString().trim() + " | ");
                i++;
            }
            userNames.set(result.toString());
            //输出最终结果
            context.write(key, userNames);
        }
    }
    public static void main(String[] args) throws Exception {
        Configuration conf = new Configuration();
        String[] otherArgs = new GenericOptionsParser(conf, args)
                .getRemainingArgs();
        if (otherArgs.length != 2) {
            System.err.println("Usage: MinMaxCountDriver <in> <out>");
            System.exit(2);
        }
        //新建 job
        Job job = new Job(conf, "Inverted Index");
        //指定 job 所在的 jar 包
```

```
        job. setJarByClass(Music. class);
        //设置 job 所用的 mapper 逻辑类
        job. setMapperClass(MusicMap. class);
        //设置 job 所用的 reducer 逻辑类
        job. setReducerClass(MusicReduce. class);
        //设置输出键值对的数据类型
        job. setOutputKeyClass(Text. class);
        job. setOutputValueClass(Text. class);
        //设置输入输出路径
        FileInputFormat. addInputPath(job, new Path(otherArgs[0]));
        FileOutputFormat. setOutputPath(job, new Path(otherArgs[1]));
        //提交作业
        System. exit(job. waitForCompletion(true) ? 0 : 1);
    }
}
```

8.4.3　最短路径算法

基于 MapReduce 的最短路径算法跟 Dijkstra 算法有点类似，它也是基于 Dijkstra 的迭代思想实现的，其伪代码如代码清单 8 - 7 所示。

代码清单 8 - 7

```
class Mapper
    method Map(nid n, node N)
    d ← N. Distance
    Emit(nid n,N)                  //Pass along graph structure [1]
    for all nodeid m∈ N. AdjacencyList do
        Emit(nid m, d+w)           //Emit distances to reachable nodes [2]
class Reducer
    method Reduce(nid m, [d1, d2, ...])
    dmin←∞
    M ← ø
    for all d∈ counts [d1, d2, ...] do
        if IsNode(d) then
            M ← d                  //Recover graph structure
        else if d < dmin then      //Look for shorter distance
            dmin ← d
    M. Distance← dmin              //Update shortest distance
    Emit(nid m, node M)
```

最短路径算法每次迭代执行一个 MapReduce Job，并且只遍历一个节点。在 Map 中，它先输出这个节点的完整邻接节点数据，即代码中的 graph structure。然后遍历该节点的邻接节点，并输出该节点 ID 及权重。在 Reduce 中，对当前节点 m，遍历 Map 的输出权重，若权重比当前的路径值小，则更新。最后输出该节点的路径值及完整邻接节点数据，作为下一次迭代的输入。当遍历完所有的节点之后，迭代就终止了。

参 考 文 献

[1] WHITE T. Hadoop The Definitive Guide. 4th Edition[M]. O'Reily Media，2015.

[2] LIN J，DYER C. Data-Intensive Text Processing with MapReduce[M]. Morgan & Claypool Media，2010.

[3] MAZUMDER S，BHADORIA R S，DEKA G C. Distributed Computing in Big Data Analytics[M]. Springer Media，2017.

[4] 董西成. Hadoop 技术内幕：深入解析 MapReduce 架构设计和实现原理[M]. 北京：机械工业出版社，2013.

[5] MINER D，SHOOK A. MapReduce Design Patterns[M]. O'Reily Media，2013.

[6] Apache Hadoop[EB/OL]. ［2019－05－01］. http：//hadoop. apache. org.

[7] Mapreduce patterns，algorithms，and use cases[EB/OL]. ［2019－05－01］. https：//highlyscalable. wordpress. com/2012/02/01/mapreduce-patterns/.

第 9 章
云计算平台 Hadoop 及其应用

云计算平台也称为云平台，是指基于硬件资源和软件资源的服务，具有计算、连接网络和存储的能力。云平台可以划分为 3 类：以数据存储为主的存储型云平台，以数据处理为主的计算型云平台以及计算和数据存储处理兼顾的综合云平台。本章介绍计算和数据存储处理兼顾的综合云平台 Hadoop 及其应用。

9.1 Hadoop 概述

9.1.1 Hadoop 的起源

Hadoop 是 Apache 基金会旗下的一个分布式系统基础架构，主要包括分布式存储系统 HDFS、分布式计算系统 MapReduce 和分布式资源管理系统 YARN 以及一些相关项目（如 Apache Hive 和 Apache HBase)等。Hadoop 使用户可以在不了解分布式底层细节的情况下，开发分布式程序并充分利用集群进行计算和存储。

Hadoop 的前身是 Nutch 系统，它是由 Doug Cutting 和 Mike Cafarella 在 2002 年开始研发的。Nutch 是一个以 Lucene 为基础实现的搜索引擎，不仅有检索的功能，还有网页数据采集的功能，但它很难扩展到数十亿级别的网络规模。在这个时候 Google 发表了一篇有关分布式存储系统的论文，该系统之后被引入 Nutch 系统中，并命名为 Nutch 的分布式存储系统（NDFS)。2004 年，Google 又发布了一篇有关并行计算模型 MapReduce 的论文，Doug Cutting 和 Mike Cafarella 发现这种 NDFS 和 MapReduce 模型不仅可以解决规模较大的网页问题，而且还具有通用性，可以构建一种分布式的集群系统。2006 年，NDFS 和 MapReduce从 Nutch 中独立出来，被命名为 Hadoop。

9.1.2 Hadoop 的核心组件

目前 Hadoop 已经包括 Hadoop 本身和基于 Hadoop 的开源项目，形成了以 Hadoop 为核心的生态系统。图 9－1 给出了 Hadoop 生态系统的核心组件。

1. HDFS

HDFS 源自 Google 的 GFS，可以说 HDFS 是 GFS 的克隆版，可实现超大文件的分布式存储。HDFS 提供一次写入多次读取的机制，将数据以块的形式同时分布存储在集群中。

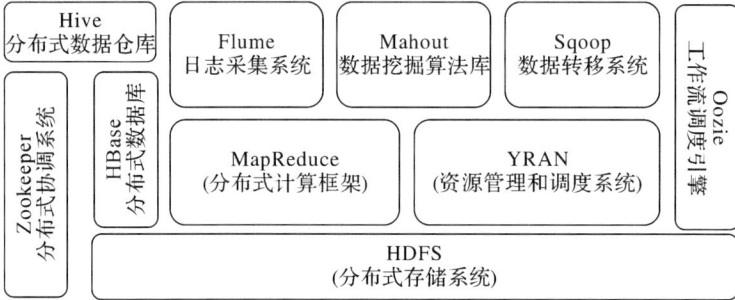

图 9-1 Hadoop 生态系统的核心组件

2. MapReduce

MapReduce 是一种分布式编程模型，用来进行海量数据的计算，将计算抽象成 Map 和 Reduce 两个部分，其中 Map 对数据集上的独立元素进行指定的操作，生成键值对形式的中间结果，Reduce 则对中间结果中相同"键"的所有"值"进行规约，以得到最终结果。因此，MapReduce 非常适合在大量计算机组成的分布式环境里进行数据处理。

3. YARN

YARN 是在 MapReduce 基础上演变而来的，主要是为了解决原始 Hadoop 扩展性较差的问题。在集群环境下，HDFS 已经负责了文件管理，而设备概念较弱。YARN 主要负责统一管理集群内服务器的计算资源（主要包括 CPU 和内存资源）、作业调度和用户接口。

4. HBase

HBase 源自 Google 的 Bigtable，可以说，HBase 是 Bigtable 的实现，是一个面向结构化数据的可伸缩、高可靠、高性能、分布式和面向列的动态模式数据库。和传统关系型数据库不同，HBase 采用了 BigTable 的数据模型，即增强的稀疏排序映射表（Key/Value）。其中，键由行关键字、列关键字和时间戳构成。HBase 提供了对大规模数据的随机、实时读写访问的功能，同时，HBase 中保存的数据可以使用 MapReduce 来处理。HBase 将数据存储和并行计算完美结合在一起了。

5. Hive

Hive 是一种类似于 SQL 的查询语言，不熟悉 MapReduce 的开发人员可以利用 Hive 编写数据查询语句，用于执行对存储在 Hadoop 中数据的查询。

6. Zookeeper

Zookeeper 是 Hadoop 的分布式协调系统，主要解决分布式环境下的数据管理问题，如统一命名、状态同步、集群管理、配置同步等，Hadoop 的很多组件依赖于 Zookeeper，它运行在计算机集群上面，用于管理 Hadoop 操作。

7. Flume

Flume 是 Cloudera 开源的日志收集系统，具有分布式、高可靠、高容错、易于定制和扩展的特点,用于从单独的机器上将大量数据高效地收集、聚合并移到 HDFS 中。

8. Mahout

Mahout 的主要目标是创建一些可扩展的机器学习领域的经典算法,旨在帮助开发人员更加方便快捷地创建智能应用程序。Mahout 现在已经包含了聚类、分类、推荐引擎(协同过滤)和频繁集挖掘等广泛使用的数据挖掘方法。除了算法,Mahout 还包含数据的输入/输出工具、与其他存储系统(如数据库、MongoDB 或 Cassandra)的集成等数据挖掘支持架构。

9. Sqoop

Sqoop 是一个用来将 Hadoop 和关系型数据库中的数据进行相互转移的工具,它可以将一个关系型数据库中的数据导入 Hadoop 的 HDFS 中,也可以将 HDFS 中的数据导入关系型数据库中。

10. Oozie

Oozie 是一个工作流调度引擎,在 Oozie 上可以执行 MapReduce、Hive 等不同类型的单一或者具有依赖性的作业。它由两部分组成:工作流引擎和协调器引擎。工作流引擎的职责是存储和运行工作流程,由 Hadoop 作业组成;协调器引擎的运行基于预定义的时间表和数据的可用性工作流程作业。

///// 9.2　Hadoop 的部署与开发

本节介绍 Hadoop 的部署与开发。

9.2.1　Linux 虚拟机的安装

目前 Hadoop 主要是在 Linux 环境下运行的,为了方便快捷,我们可以在自己的计算机中安装 VMware Workstation,然后安装多个 Linux 虚拟机,组成一个 Linux 服务器集群来模拟实际的集群环境。这里选择安装 3 台 Linux 虚拟机,首先在 VMware Workstation 中创建一台 Linux 虚拟机,然后再用这台虚拟机去克隆其他两台,具体步骤如下:

(1) 打开 VMware Workstation,在主界面点击"文件",选择"新建虚拟机"(如图 9 - 2 所示),再选择"典型(推荐)(T)"(如图 9 - 3 所示),之后点击"下一步"。

(2) 选择安装程序光盘映像文件,点击浏览找到存放镜像文件的位置(这里我们已经提前在 CentOS 官网下载了 CentOS7 版本),如图 9 - 4 所示,点击"下一步"。

(3) 在图 9 - 5 所示的虚拟机命名和安装位置选择对话框中给虚拟机命名并选择安装位置(这里我们将虚拟机命名为 Master,位置修改为"C：\vmware\vmware_system"),用户可以根据自己的需要进行修改,然后点击"下一步"。

(4) 进入图 9 - 6 所示对话框,设置磁盘的大小,这里采用默认值(如果计算机的硬件配置比较好,可以设置得更大),然后点击"下一步"。

(5) 进入图 9 - 7 所示对话框,自定义虚拟机的硬件,可以采用默认值,勾选"创建后开启此虚拟机",然后点击"完成"。

(6) 进入安装界面(见图 9 - 8),设置 root 密码和用户密码,等待安装完成。

图 9-2　新建虚拟机

图 9-3　选择典型(推荐)(T)安装

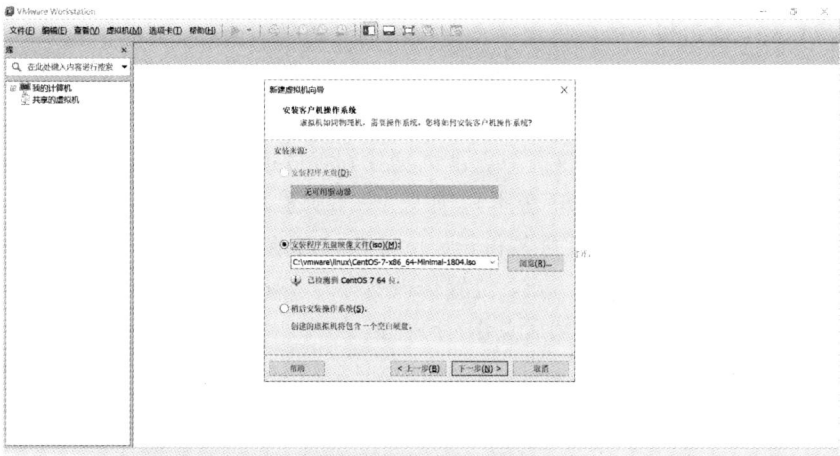

图 9-4　选择安装来源

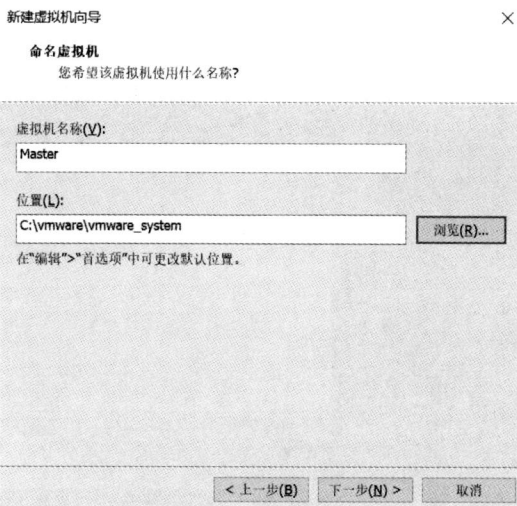

图 9-5　命名虚拟机

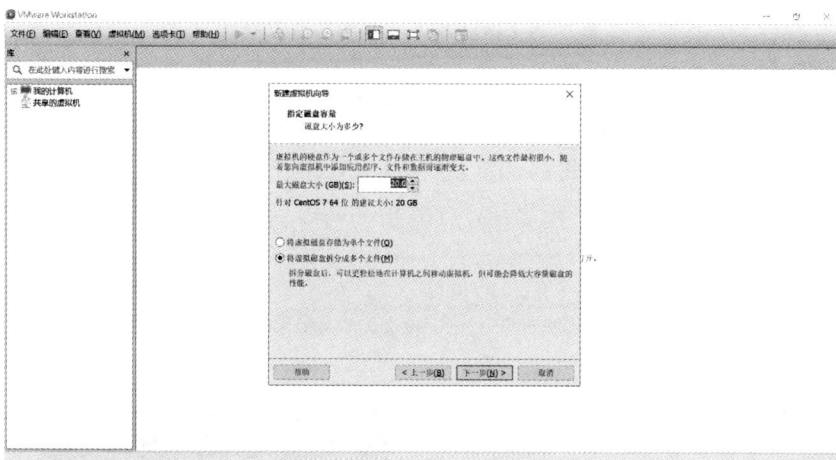

图 9-6　设置磁盘大小

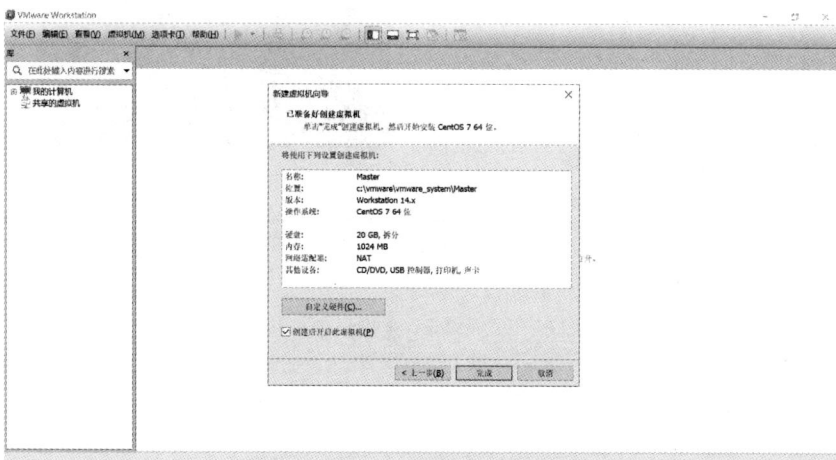

图 9-7　自定义虚拟机的硬件

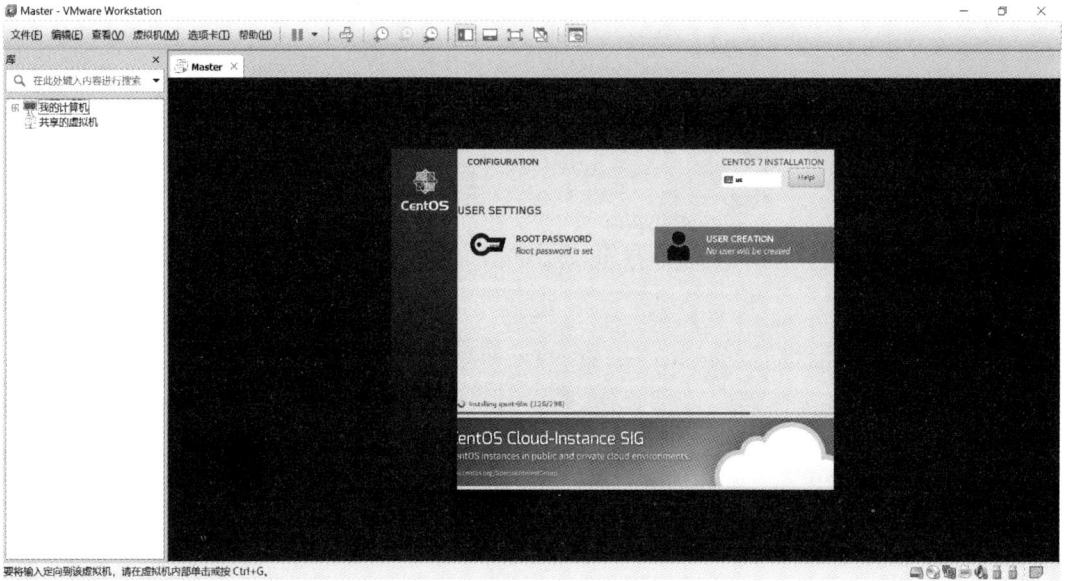

图 9 - 8　设置 root 密码和用户密码

（7）在 VMware Workstation 主界面中，先关闭已经安装的虚拟机（如 Master）（注意先关闭要被克隆的虚拟机）。

（8）如图 9 - 9 所示，选择"我的计算机"下的"Master"，单击鼠标右键，依次选择"管理"→"克隆"，进入如图 9 - 10 所示界面，点击"下一步"。

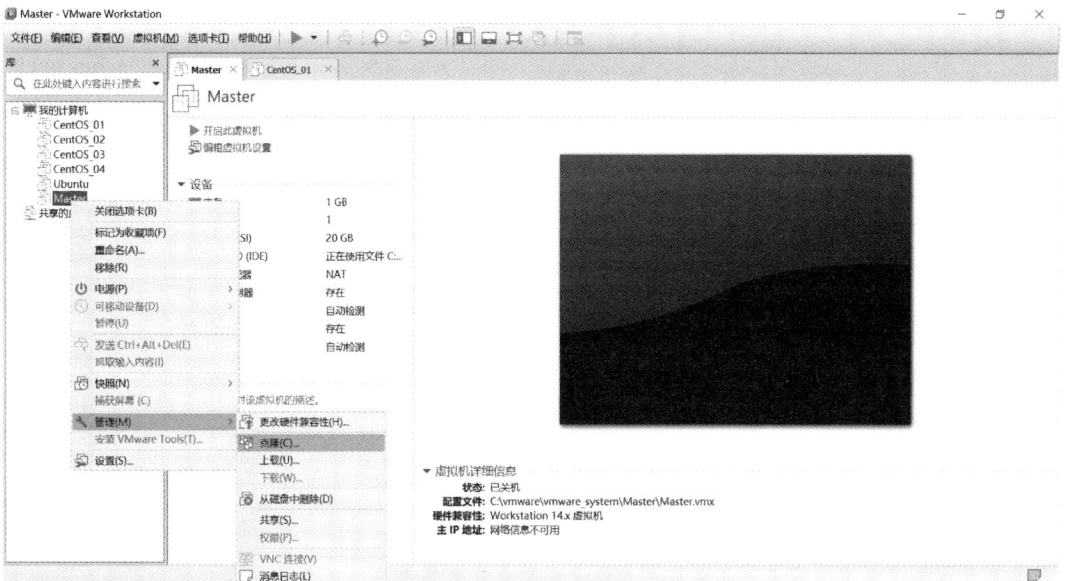

图 9 - 9　从 Master 克隆虚拟机

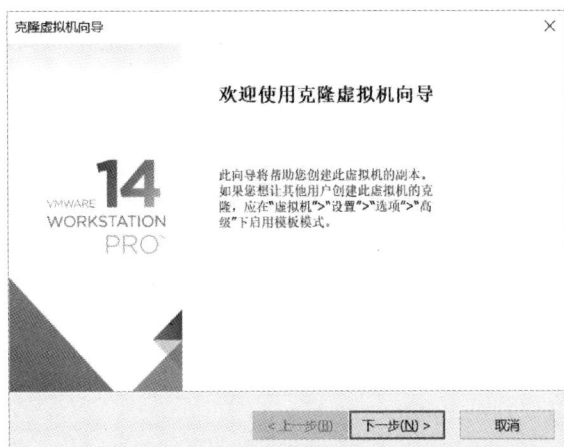

图 9-10　虚拟机克隆向导

（9）如图 9-11 所示，选择虚拟机中的当前状态，点击"下一步"，进入如图 9-12 所示界面，选择创建完整克隆。

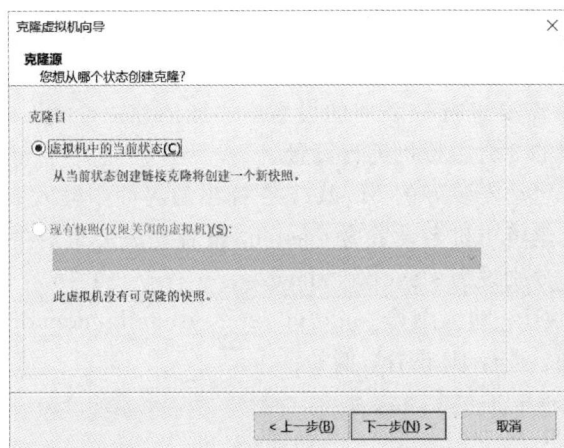

图 9-11　选择虚拟机中的当前状态

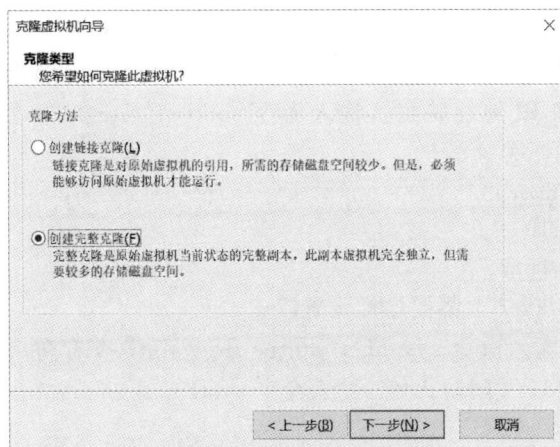

图 9-12　选择创建完整克隆

(10) 进入图 9 - 13 所示对话框,这里将虚拟机取名为 Slave1,安装位置为"D:\vmware\ vmware_system\Slave1",单击"完成"。

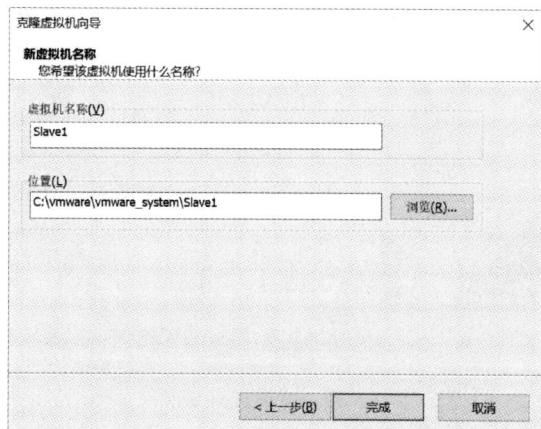

图 9 - 13　设置虚拟机名称并修改安装位置

(11) 重复步骤(8)至(10)再克隆另一台虚拟机,虚拟机命名为 Slave2。

9.2.2　Linux 虚拟机的设置

虚拟机安装完成后需要进行一系列的设置,才能创建一个可以互相通信的 Linux 集群。下面对上一节介绍的 3 台虚拟机进行设置。

(1) 设置主机名。启动安装好的 Master,在弹出的界面中输入 sudo vi /etc/hostname 命令来设置主机名,这里将主机名设置为 master,设置完成后重启生效。另外在 Slave1 和 Slave2 中修改主机名,分别设为 slave1 和 slave2。

(2) 修改虚拟机的 IP。输入命令 sudo vi /etc/sysconfig/network-scripts/ifcfg-ens33,进入图 9 - 14 所示界面,进行 IP 设置,例如:

```
BOOTPROTO=static
IPADDR=192.168.86.144
GATEWAY=192.168.86.1
NETMASK=255.255.255.0
```

此外,设置 Slave1 上的 IP(IPADDR=192.168.86.145)及 Slave2 的 IP(IPADDR=192.168.86.146),然后重新启动网络,即输入命令 service network restart。

(3) 设置主机名和 IP 地址映射。输入命令 sudo vi /etc/hosts,添加如下内容(如图 9 - 15 所示):

```
192.168.86.144 master
192.168.86.145 slave1
192.168.86.146 slave2
```

注意在 slave1 和 slave2 上都要这样设置。

(4) 关闭防火墙。输入命令 systemctl status firewalld,查看防火墙的状态。输入命令 systemctl stop firewalld,关闭防火墙。输入命令 systemctl enable firewalld,设置防火墙开机禁用。

另外两台虚拟机也要这样关闭防火墙。

（5）设置 3 台虚拟机之间免密登录。

在 master 主机上输入命令 ssh-keygen-t rsa，然后一直按回车键，在～/.ssh 目录下会生成公钥文件 id_rsa.pub 和私钥文件 id_rsa，如图 9-16 所示。

输入命令 ssh-copy-id master、ssh-copy-id slave1、ssh-copy-id slave2 分发公钥文件。

至此，Linux 集群就部署好了。在 Windows 上我们可以使用 xshell 等 ssh 客户端工具来登录 Linux 集群，而且也可以将从 Windows 上下载好的文件上传到 Linux 集群中。

```
TYPE=Ethernet
PROXY_METHOD=none
BROWSER_ONLY=no
BOOTPROTO=static
DEFROUTE=yes
IPV4_FAILURE_FATAL=no
IPV6INIT=yes
IPV6_AUTOCONF=yes
IPV6_DEFROUTE=yes
IPV6_FAILURE_FATAL=no
IPV6_ADDR_GEN_MODE=stable-privacy
NAME=ens33
UUID=38.9ca18-b96a-45e9-92c7-b4e3af590660
DEVICE=ens33
ONBOOT=yes
IPADDR=192.168.86.144
GATEWAY=192.168.86.1
NETMAST= 255.255.255.0
```

图 9-14　设置虚拟机的 IP

```
192.168.86.144 master
192.168.86.145 slave1
192.168.86.146 slave2
```

图 9-15　设置主机名和 IP 映射

```
[centos@master ~]$ cd ~/.ssh/
[centos@master .ssh]$ ls
id_rsa id_rsa.pub
```

图 9-16　设置免密登录生成的文件

9.2.3　Hadoop 的安装

1. Hadoop 安装包的下载

Apache Hadoop 的官网下载地址是 https：//hadoop.apache.org/releases.html。Hadoop安装包，下载完后保存在 home/centos/software/目录下，然后将下载好的 Hadoop 安装包解压到/home/centos/apps 目录下（命令为 tar-zxvf ～/software/hadoop-2.8.5.tar.gz-C ～/apps/（这里 2.8.5 为版本号）），同样将 jdk 安装包下载好并解压到 home/centos/apps 目录下。

2. Hadoop 环境的配置

输入命令 sudo vi /etc/profile，打开 profile 文件，然后在文件中添加如下内容：

    export JAVA_HOME=/home/centos/apps/jdk1.8.0_191
    export HADOOP_HOME=/home/centos/apps/hadoop-2.8.5
    export PATH=＄PATH：＄JAVA_HOME/bin
    export PATH=＄PATH：＄HADOOP_HOME/bin：＄HADOOP_HOME/sbin

接着执行"source /etc/profile"命令，使修改生效。

最后进入/home/centos/apps/hadoop-2.8.5/etc/hadoop 目录中配置如下文件。

（1）配置 hadoop-env.sh 文件。

输入命令 vi hadoop-env.sh，打开脚本并输入如下内容以配置 jdk 的路径：

```
export JAVA_HOME=/home/centos/apps/jdk1.8.0_191
```

（2）配置 core-site.xml 文件。

输入命令 vi core-site.xml，然后进行如下配置：

```
<configuration>
    <property>
        <name>fs.defaultFS</name>
        <value>hdfs：//master：9000</value>
    </property>
</configuration>
```

其中，fs.defaultFS 用于指定名字节点的 IP 地址和端口号，mater 就是名字节点的地址，9000 是 HDFS 的 NameNode RPC 交互端口。

（3）配置 hdfs-site.xml 文件。

vi hdfs-site.xml 命令用于配置 HDFS 的相关属性参数，简单配置如下：

```
<configuration>
    <property>
        <name>dfs.replication</name>
        <value>2</value>
    </property>
    <property>
        <name>dfs.namenode.name.dir</name>
        <value>/home/centos/apps/hadoop-2.8.5/hdfs/name</value>
    </property>
    <property>
        <name>dfs.datanode.data.dir</name>
        <value>/home/centos/apps/hadoop-2.8.5/hdfs/data</value>
    </property>
</configuration>
```

其中，dfs.replication 用于指定 HDFS 中每个线程块被复制的次数，这个数一般设为 3；dfs.namenode.name.dir 用于配置 HDFS 的名字节点的元数据；dfs.datanode.data.dir 用于配置 HDFS 的数据节点存放数据的本地文件系统目录。

（4）配置 mapred-site.xml 文件。

输入命令 cp mapred-site.xml.template mapred-site.xml，复制 mapred-site.xml.template 文件，并重命名为 mapred-site.xml。接着编辑 mapred-site.xml 文件，

输入 vi mapred-site.xml 命令，然后进行如下配置：

```
<configuration>
        <property>
                <name>mapreduce.framework.name</name>
                <value>yarn</value>
```

```
        </property>
     </configuration>
```

其中，mapreduce. framework. name 用来设置执行 MapReduce 作业的资源管理和调度系统，这里采用了 YARN。

（5）配置 yarn-site. xml 文件。

输入 vi yarn-site. xml 命令，然后进行如下配置：

```
     <configuration>
          <property>
               <name>yarn. resourcemanager. hostname</name>
               <value>master</value>
          </property>
          <property>
               <name>yarn. nodemanager. aux-services</name>
               <value>mapreduce_shuffle</value>
          </property>
     </configuration>
```

其中，yarn. resourcemanager. hostname 指定 resourcemanager 所启动服务器的主机名。yarn. nodemanager. aux-services 是 NodeManager 上运行的附属服务，需配置成 mapreduce _shuffle，才可运行 MapReduce 程序。

（6）配置 slaves 文件。

输入命令 vi slaves，打开 slaves 文件，在该文件中添加 slave1 和 salve2（注意一行一个主机名或 IP 地址）用来帮助名字节点识别数据节点的位置。

以上文件配置完成后，分别分发到 slave1 和 slave2 主机上，使用如下命令进行分发：

```
scp -r /home/centos/apps/ centos@slave1：/home/centos/
scp -r /home/centos/apps/ centos@slave2：/home/centos/apps/
```

3. 格式化 HDFS 系统

在 master 主机上输入命令 hdfs namenode -format，以对 HDFS 系统进行格式化。

4. 启动 HDFS

启动 HDFS 有两种方式。

方式一：一次性启动所有进程，即使用命令 start-dfs. sh。启动完成后可以通过 jps 命令检测是否启动成功，如果正常启动，master 主机上会有 NameNode、SecondaryNameNode 进程，slave1 和 slave2 主机上会有 DataNode 进程。

方式二：单独启动每个进程。

启动 namenode，命令如下：

```
hadoop-daemon. sh start namenode
```

启动 datanode，命令如下：

```
hadoop-daemon. sh start datanode
```

启动 secondarynamenode，命令如下：

```
hadoop-daemon. sh start secondarynamenode
```

通过界面浏览器访问 HDFS，地址如下：

http：//192.168.86.144：50070

5. 启动 YARN

启动 YARN 也有两种方式。

方式一：一次性启动所有进程，即使用命令 start-yarn.sh。启动完成后同样可以通过 jps 命令检测是否启动成功，正常启动会有 NodeManager ResourceManager 进程。

方式二：单独启动每个进程。

启动 resourcemanager，命令如下：

```
yarn-daemon.sh start resourcemanager
```

启动 nodemanager，命令如下：

```
yarn-daemon.sh start nodemanager
```

9.3 Hadoop 的常用命令

HDFS 作为一个分布式存储系统和 Linux 的存储系统一样，也有类似的命令行接口，下面介绍 HDFS 与用户相关的命令。

9.3.1 fs shell 命令

fs shell 是 HDFS 的调用文件系统 shell 命令，大多数 fs shell 命令的行为和对应的 Linux 命令类似，输入命令 hadoop fs，将显示能够支持的命令列表，如下所示：

```
Usage：hadoop fs [generic options]
    [-appendToFile <localsrc> ... <dst>]
    [-cat [-ignoreCrc] <src> ...]
    [-checksum <src> ...]
    [-chgrp [-R] GROUP PATH...]
    [-chmod [-R] <MODE[,MODE]... | OCTALMODE> PATH...]
    [-chown [-R] [OWNER][:[GROUP]] PATH...]
    [-copyFromLocal [-f] [-p] [-l] [-d] <localsrc> ... <dst>]
    [-copyToLocal [-f] [-p] [-ignoreCrc] [-crc] <src> ... <localdst>]
    [-count [-q] [-h] [-v] [-t [<storage type>]] [-u] [-x] <path> ...]
    [-cp [-f] [-p | -p[topax]] [-d] <src> ... <dst>]
    [-createSnapshot <snapshotDir> [<snapshotName>]]
    [-deleteSnapshot <snapshotDir> <snapshotName>]
    [-df [-h] [<path> ...]]
    [-du [-s] [-h] [-x] <path> ...]
    [-expunge]
    [-find <path> ... <expression> ...]
    [-get [-f] [-p] [-ignoreCrc] [-crc] <src> ... <localdst>]
    [-getfacl [-R] <path>]
    [-getfattr [-R] {-n name | -d} [-e en] <path>]
    [-getmerge [-nl] [-skip-empty-file] <src> <localdst>]
```

```
[-help [cmd . . . ]]
[-ls [-C] [-d] [-h] [-q] [-R] [-t] [-S] [-r] [-u] [<path> . . . ]]
[-mkdir [-p] <path> . . . ]
[-moveFromLocal <localsrc> . . . <dst>]
[-moveToLocal <src> <localdst>]
[-mv <src> . . . <dst>]
[-put [-f] [-p] [-l] [-d] <localsrc> . . . <dst>]
[-renameSnapshot <snapshotDir> <oldName> <newName>]
[-rm [-f] [-r|-R] [-skipTrash] [-safely] <src> . . . ]
[-rmdir [--ignore-fail-on-non-empty] <dir> . . . ]
[-setfacl [-R] [{-b|-k} {-m|-x <acl_spec>} <path>]|[--set <acl_spec> <path>]]
[-setfattr {-n name [-v value] | -x name} <path>]
[-setrep [-R] [-w] <rep> <path> . . . ]
[-stat [format] <path> . . . ]
[-tail [-f] <file>]
[-test -[defsz] <path>]
[-text [-ignoreCrc] <src> . . . ]
[-touchz <path> . . . ]
[-truncate [-w] <length> <path> . . . ]
[-usage [cmd . . . ]]
```

上述命令和 Linux 的命令基本相同,下面介绍其中几个常用的命令。

(1) mkdir。

mkdir 命令的用法如下:

```
hadoop fs -mkdir <path>
```

mkdir 命令表示接收路径指定的 URI 作为参数,并创建目录。如果上级目录不存在,可添加-p 参数。以下示例创建 user 目录:

```
hadoop fs -mkdir /user
hadoop fs -mkdir -p /aaa/bbb
```

(2) put。

put 命令的用法如下:

```
hadoop fs -put <localsrc> . . . <dst>
```

put 命令表示从本地文件系统上传文件到 HDFS 文件系统中,如将本地/home/centos/input.txt 文件上传到 HDFS 中的/user/hadoop 目录下,命令如下:

```
hadoop fs -put /home/centos/input.txt   /user/hadoop/
```

如果在 HDFS 文件中已经存在该文件则系统会报错误提示,如 put:'user/hadoop/input.txt':File exists。这个时候可以添加选项-f,覆盖已有文件,如下所示:

```
hadoop fs -put -f /home/centos/input.txt   /user/hadoop/
```

(3) ls。

ls 命令的用法如下:

```
hadoop fs -ls <path>
```

ls 命令用于查看文件或目录,如查看 HDFS 文件系统根目录下的文件,命令如下:

```
hadoop fs -ls /
```
如果想要显示子目录文件可以添加选项-R，命令如下：
```
hadoop fs -ls -R /
```
（4）cat。

cat 命令的用法如下：
```
hadoop fs -cat <src>
```
cat 命令用于显示文件内容，如显示 HDFS 文件系统/user/hadoop/input. txt 的内容，命令如下：
```
hadoop fs -cat /user/hadoop/input. txt
```
（5）tail。

tail 命令的用法如下：
```
hadoop fs -tail <file>
```
tail 命令用于显示文件最后 1 KB 的内容，例如：
```
hadoop fs -tail /user/hadoop/input1. txt
```
（6）touchz。

touchz 命令的用法如下：
```
hadoop fs -touchz <path>
```
touchz 命令用于创建一个空文件，如在文件系统中创建/user/hadoop/input2. txt 文件，命令如下：
```
hadoop fs -touchz /user/hadoop/input2. txt
```
（7）appendToFile。

appendToFile 命令的用法如下：
```
hadoop fs -appendToFile <localsrc> ... <dst>
```
appendToFile 命令表示向文件系统中追加内容，如将本地的 input. txt 追加到/user/hadoop/input2. txt 中，命令如下：
```
hadoop fs -appendToFile /home/centos/input. txt /user/hadoop/input2. txt
```
（8）get。

get 命令的用法如下：
```
hadoop fs -get <src> <localdst>
```
get 命令表示将 HDFS 中的文件复制到本地文件系统中，如将 input2. txt 下载到本地/home/centos/目录中，命令如下：
```
hadoop fs -get /user/hadoop/input2. txt /home/centos/
```
（9）getmerge。

getmerge 命令的用法如下：
```
hadoop fs -getmerge <src> <localdst>
```
getmerge 命令表示将源目录下的所有文件合并成一个文件并下载到本地，如将 HDFS 目录/user/hadoop/下的所有文件合并且下载到本地/home/centos/merge. txt 中，命令如下：
```
hadoop fs -getmerge /user/hadoop /home/centos/merge. txt
```
（10）rm。

rm 命令的用法如下：

　　hadoop fs -rm ＜src＞

　　rm 命令用于删除文件，如删除 HDFS 文件系统/user/hadoop/input2. txt 文件，命令如下：

hadoop fs -rm /user/hadoop/input2. txt

可以添加-R 选项递归地删除，且删除非空的目录。

　　(11) chgrp。

　　chgrp 命令的用法如下：

　　hadoop fs -chgrp [-R] GROUP PATH...

　　chgrp 命令用于改变文件所属的组，如将文件系统/user/hadoop 所属的组改为 group1，命令如下：

　　hadoop fs -chgrp group1 /user/hadoop

　　如想要将目录下所有文件的所属组都修改，则可以添加-R 选项。

　　(12) chmod。

　　chmod 命令的用法如下：

　　hadoop fs -chmod [-R] ＜MODE[,MODE]... | OCTALMODE＞ PATH

　　chmod 命令用于改变文件的权限，Hadoop 文件权限模式和 Linux 文件权限模式一样，如修改文件系统/user/hadoop 的文件权限，命令如下：

　　hadoop fs -chmod 764 /user/hadoop

　　如想要将目录下所有文件的权限都修改，则可以添加-R 选项。

　　(13) chown。

　　chown 命令的用法如下：

　　hadoop fs -chown [-R] [OWNER][：[GROUP]] PATH...

　　chown 命令用于改变文件的拥有者，如将文件系统/user/hadoop 的拥有者改为 user1，命令如下：

　　hadoop fs -chown user1 /user/Hadoop

　　如果想要将目录下所有文件的拥有者都修改，则可以添加-R 选项。

9.3.2　archive 命令

　　HDFS 中的文件数量直接影响名字节点中的内存消耗。文件数量越多需要的名字节点的内存越大。archive 命令就可以用来将众多的小文件打包成一个归档文件。归档文件是特殊的档案格式，一个归档文件对应于一个文件系统目录，归档的扩展名是□. har，Hadoop 存档目录包含元数据(采用_index 和_masterindex 形式)和数据(part-□)文件。_index 文件包含了归档文件的文件名和位置信息。

1. 创建文件

　　使用如下命令创建归档文件：

　　hadoop archive ＜-archiveName ＜NAME＞. har＞ ＜-p ＜parent path＞＞ [-r ＜replication factor＞] ＜src＞ * ＜dest＞

其中：-archiveName 选项指定要创建的归档文件名，比如 zoo. har；-r 表示希望复制因子，如果这个可选参数没有指定，那么复制因子将会是 3；parent 参数用于指定文件应归档到的相对路径，用法如下：

```
-p /foo/bar a/b/c e/f/g
```

其中/foo/bar 是父路径，a/b/c 和 e/f/g 是对应于父路径的相对路径。注意创建归档文件的是一个 Map/Reduce 作业，应该在 MapReduce 集群上运行这个命令。

如果仅仅归档/foo/bar 单个目录，那么可以使用下面的命令：

```
hadoop archive -archiveName zoo. har -p /foo/bar -r 3 /outputdir
```

2. 查看归档文件

由于归档文件会显示给用户查看，所以所有的 fs shell 命令都能在 archive 上运行，但是要使用不同的 URI，另外归档文件是不可改变的，重命名、删除和创建都会返回错误信息。Hadoop archive 的 URI 模式为

```
har：// har：//scheme-hostname：port/archivepath/fileinarchive
```

如果没有提供 scheme-hostname，Hadoop 会使用默认的文件系统，在这种情况下 URI 是以下形式：

```
har：///archivepath/fileinarchives
```

例如，对于前面创建的归档文件 zoo. har，要想查看归档文件列表，可以使用命令：

```
hdfs dfs -ls -R har：///outputdir/zoo. har
```

3. 解压归档文件

解压归档文件可以使用如下命令：

```
hdfs dfs -cp har：///outputdir/zoo. har hdfs：/outputdir/newdir
```

上述命令将 zoo. har 解压到/outputdir/newdir 目录下。

9.4 分布式数据处理

Mahout 是 Apache 下的开源机器学习软件包，目前实现的机器学习算法主要有协同过滤/推荐引擎、聚类和分类三种。Mahout 从设计开始就旨在建立可扩展的机器学习软件包，用于处理大数据，当数据量大到不能在一台机器上运行时，就可以使用 Mahout，让数据在 Hadoop 集群上进行分析，或者使用 MapReduce 对数据进行处理。

9.4.1 Mahout 的简单使用

在 Mahout 的官网(https：//mahout. apache. org/)下载 Mahout 的安装包，下载完成后同样将其解压到/apps 目录下。

输入命令 vi /etc/profile，接着对 Mahout 的环境进行如下配置：

```
export MAHOUT_HOME=/home/centos/apps/apache-mahout-distribution-0. 12. 2
export MAHOUT_CONF_DIR= $ MAHOUT_HOME/conf
export PATH= $ PATH：$ MAHOUT_HOME/conf：$ MAHOUT_HOME/bin
```

1. 使用 Mahout 实现 *K*-Means 算法

K-Means 算法步骤如下：

(1) 从 *M* 个记录中任意选择 *K* 条记录作为初始聚类中心，对于剩下的其他记录，则分别比较它们与聚类中心的相似度，并将它们分配给与其最相似的类别；

（2）计算每个类别数据的平均值，获得新聚类的聚类中心；

（3）重复以上步骤直到标准测度函数收敛到设定的阈值位置（可以采用均方差作为标准测度函数）。

K-Means 聚类具有如下特点：各聚类本身尽可能紧凑，而各聚类之间尽可能分散。

使用 Mahout 实现 *K*-Means 算法的步骤如下：

（1）从 https://archive.ics.uci.edu/网站上下载数据集 synthetic_control.data，并将其保存在本地/home/centos/data 目录下。

（2）将数据上传到 HDFS 文件系统中的/input 目录下，命令如下：

```
hadoop fs -put /home/centos/data/synthetic_control.data /input
```

这里上传的文件是文本格式的，要把它们转换为序列文件，命令如下：

```
mahout org.apache.mahout.clustering.conversion.InputDriver -i /input/
synthetic_control.data -o /input/transform
```

（3）使用下面的命令运行 *K*-Means 算法：

```
mahout kmeans -i /input/transform/part-m-00000 -o /output -c input/center -k 2 -x 5 -cl
```

其中，-i 表示输入数据路径，-o 表示输出路径，-c 表示初始输入聚类中心点，-k 表示聚类的数目，-x 表示最大的循环次数，-cl 表示算法完成后进行原始数据的分类。

在文件系统中可以看到生成的目录，如图 9-17 所示。

图 9-17 中，clusters-*n*(*n*=0，1，2，…)是存放的第 *n* 次聚类的结果，最后一次迭代结果存放在 clusters-*n*-final 中。

clusteredPoints 存放的也是最后聚类的结果，且将 cluster-id 和 documents-id 都展示出来了。

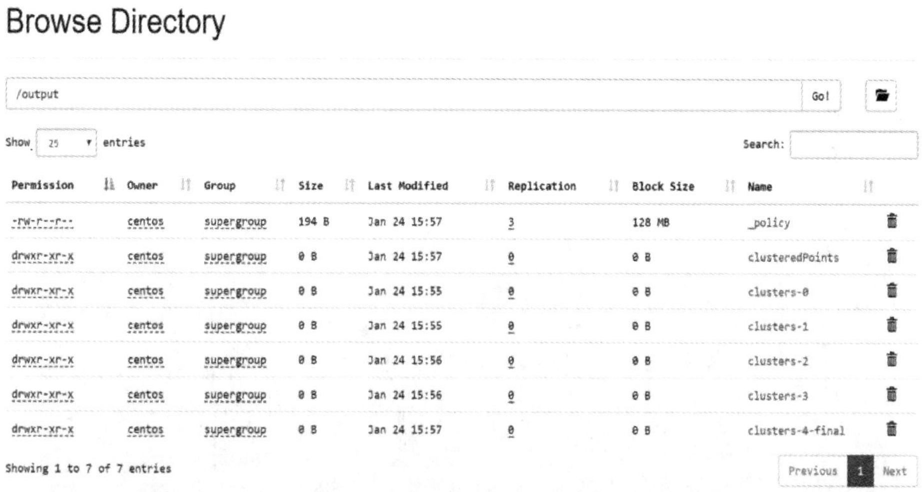

图 9-17 文件系统生成的目录

可将聚类结果下载到本地进行查看，命令如下：

```
mahout clusterdump -i /output/clusters-4-final -o /home/centos/data/result-clusters-4-final
mahout vectordump -i /output/clusteredPoints -o /home/centos/data/result-clusters-4-final
```

2. 使用 Mahout 实现朴素贝叶斯算法

用 Mahout 实现朴素贝叶斯算法的步骤如下：

（1）从 https：//people. csail. mit. edu/网站下载数据集 20news-bydate. tar. gz，接着进入本地/home/centos/data 目录下新建 20news-all 目录，命令如下：

```
mkdir 20news-all
```

（2）把数据集解压到/home/centos/data/20news-all 下，命令如下：

```
tar -zxvf 20news-bydate.tar.gz -C /home/centos/data/20news-all
```

（3）将数据上传至 HDFS 文件系统中，命令如下：

```
hadoop fs -put /home/centos/data/20news-all /
```

（4）将数据转换成序列文件，命令如下：

```
mahout seqdirectory -i /20news-all -o /20news-seq
```

其中，-i 表示任务的输入文件选项，-o 表示任务的输出文件选项。

（5）将序列文件转换为向量，命令如下：

```
mahout seq2sparse -i /20news-seq -o /20news-vectors -lnorm -nv -wt tfidf
```

其中，-lnorm 表示输出文件是否归一化，-nv 表示输出向量是否为 NameVector 格式，-wt 表示权重使用的类型。

（6）将输入数据分为训练数据和测试数据两部分，命令如下：

```
mahout split -i /20news-vectors/tfidf-vectors --trainingOutput /20news-train-vectors
--testOutput /20news-test-vectors --randomSelectionPct 40 --overwrite --sequenceFiles -xm sequential
```

其中：-randomSelectionPct 表示当使用 MapReduce 模式时，用于被随机抽选出来作为测试数据的百分比；--overwrite 表示输出数据为覆盖模式；--sequenceFiles 表示设置输入文件是序列文件；--xm 表示算法执行的模式(序列模式或者 MapReduce 模式)。

（7）训练分类器，命令如下：

```
mahout trainnb -i /20news-train-vectors -o /model -li /labelindex -ow
```

其中，-li 表示标识索引存储的路径。-ow 如果存在则对输出路径进行重写。

（8）测试分类器，命令如下：

```
mahout testnb -i /20news-test-vectors -m /model -l /labelindex -ow -o /20news-testing
```

终端会打印出模型的测试结果，如图 9－18 所示。

```
=======================================================
Summary
-------------------------------------------------------
Correctly Classified Instances          :       5377       71.5788%
Incorrectly Classified Instances        :       2135       28.4212%
Total Classified Instances              :       7512

=======================================================
Confusion Matrix
-------------------------------------------------------
a       b       <--Classified as
2240    818      |  3058    a     = 20news-bydate-test
1317    3137     |  4454    b     = 20news-bydate-train

=======================================================
Statistics
-------------------------------------------------------
Kappa                                       0.4258
Accuracy                                   71.5788%
Reliability                                47.8939%
Reliability (standard deviation)             0.415
Weighted precision                          0.7266
Weighted recall                             0.7158
Weighted F1 score                           0.7181
```

图 9－18　模型的测试结果

9.4.2　使用 MapReduce 进行数据处理

上一节介绍了使用 Mahout 来实现 K-Means 算法和朴素贝叶斯算法，本节将介绍使用 Hadoop 的 MapReduce 编程模型来实现 K-Means 算法和朴素贝叶斯算法。

1. 使用 MapReduce 实现 K-Means 算法

K-Means 算法 MapReduce 并行化思路如下：

（1）Map 每读取一条数据就将其与中心做对比，求出该条数据对应的中心，然后以中心的 ID 为键（Key），该条数据为值（Value）将数据输出。

（2）利用 Reduce 的归约功能将相同的键归并到一起，集中与该键对应的数据，再求出这些数据的平均值，输出平均值。

（3）对比 Reduce 求出的平均值与原来的中心，如果不相同，则清空原中心的数据文件，并将 Reduce 的结果写到中心文件中（中心的值保存在一个 HDFS 文件中）。

（4）删除 Reduce 的输出目录以便下次输出，继续运行任务。

（5）对比 Reduce 求出的平均值与原来的中心，如果相同，则删除 Reduce 的输出目录，运行一个没有 Reduce 的任务并将中心 ID 与对应值输出。

使用 MapReduce 实现 K-means 算法的代码主要分为 3 个部分：Map 函数代码、Reduce 函数代码、主控制程序代码。

Map 函数核心代码见代码清单 9-1。

代码清单 9-1

```
/* 每次读取一条要分类的记录，并将其与中心点做对比，之后按照对应的中心贴类别标签，最后输出类别标签和对应的记录 */
protected void map(LongWritable key,Text value,Context context) throwsIOException
{
    //按行读取数据，并将其转换为 doule 类型向量
    List <Double> fields = TextToDoubleArray(value);
    int size = fields. size();
    double minDistance = Double. MAX_VALUE;
    int index = 1;
    for(int i = 0；i < k；i++){
        double currentDistance = 0；//计算第 i+1 个中心与 fields 的距离
        currentDistance = cmpDistance(centers. get(i),fields);
        //循环找出距离该记录最接近的中心点的 ID
        if(currentDistance<minDistance){
            MinDistance = currentDistance;
            index = i + 1；} }
    context. write(newIntWritable(index),value)；}
    }
```

Reduce 函数核心代码见代码清单 9-2。

代码清单 9-2

```
/* Key 为类别标签,Value 为属于该标签下的记录集。计算所有记录元素的平均值,求出新的聚
类中心 */
public void reduce (IntWritable key,Iterable<Text>value,Context context) throwIOException{
    List<List<Double>>fieldsList = newArray-List<List<Double>>)
    //依次读取记录集,并将其转化为执行向量且添加到 fieldsList 中
    for(Text text: value){
        List<Double>tempList = textToDoubleArray(value);
        filedsList. add(tempList);}//计算新的聚类中心
    int victorSize = fieldsList. get(0). size();
    double avg = new double [size];
    int size = fieldsList. size();
    for(int i = 0; i<size; i++){
        for(int j = 0; j<victorSize; j++){
            avg[j] += fieldsList. get(i). get(j)/size; } }
    context. write(new NullWritable(),new Text(Array. toString(avg))); }
```

主控制程序核心代码见代码清单 9-3。

代码清单 9-3

```
public static void main(String[] args)   throws Exception{
//初始化中心点,这里随机选择中心点
centerVictorInit();
int times = 0;
double s = 0,threshold = 0. 1; //threshold 是阈值,当误差小于阈值时停止迭代
while(s>threshold){
    Configuration conf = new Configuration();
    conf. set("fs. default. name","hdfs: //kmeanscluster: 8020");
    FileSystem fs = FileSystem. get(conf)j;
    //删除已经存在的输出目录
    fs. delete(new Path(args),true);
    Job job = new Job(conf,"KMeans"); //配置任务信息
    job. setMapperClass(KMeansMapper. class);
    job. setMapOutputKeyClass(Text. class);
    job. setMapOutputValueClass(Text. class);
    job. setReduceClass(KmeansReducer. class);
    job. setOutputKeyClass(Text. class);
    job. setOutputValueClass(Text. class);
    job. setJarByClass(KMeans. class);
    FileInputFormat. addInputPath(job,new Path(args[0]));
    FileOutputFormat. setOutputPath(job,new Path(args[2]));
```

```
//运行并判断作业是否成功完成
if(job. waitForCompletion(true))
{//更新聚类中心
    updateCenterVictor ();
    times++; } }
log. info("Iterator："+times); //日志输出迭代次数}
```

2. 使用 MapReduce 实现朴素贝叶斯算法

贝叶斯分类器的原理是通过某对象的先验概率，利用贝叶斯公式计算出其后验概率，即该对象属于某一类的概率。由于训练文本各条记录之间并无关联，因此可以把串行算法中序列读取训练文本数据的过程在多台机器上并行实现。用 MapReduce 实现朴素贝叶斯分类算法的基本思路如下。

（1）设计 Map 函数。Map 函数的任务是从文本中依次读取每行的记录，解析出分类类别和记录的各类属性，中间结果键值对的形式为＜分类类别 ID，记录属性向量＞，形如＜class M, prop1♯prop2♯...♯propN＞。

Map 函数的代码如代码清单 9 - 4 所示。

代码清单 9 - 4

```
protected void map(LongWritable key, Text value, Context context){
    throws IOException，InterruptedException {
        String[] array = value. toString(). split(",");
        String[] doc=array[2]. split("-");
        for (String str ：doc) {
            key. set(array[0]+ ","+ str);
            val. set("1");
            context. write(key, val);
        }
    }
}
```

（2）设计 Combiner 函数。Job 在 Map 任务执行完成后，如果不做任何处理，Shuffle 过程将传输大量的中间结果文件，Hadoop 允许用户使用 Combiner 来实现优化。Combiner 的任务等同于本地的 Reducer 任务，以提高执行效率。输入＜Key, Value＞即为 Map 函数的输出，输出＜Key, Value＞的形式为＜类别 ID，特征属性频率统计＞，形如＜class M, count(prop1)♯count(prop2)...♯count(prop N)♯count(M)＞。Combiner 函数的代码如代码清单 9 - 5 所示。

代码清单 9 - 5

```
public class BayesCombiner extends Reducer<Text, IntWritable, Text, IntWritable>{
    IntWritable v = new IntWritable();
    @Override
```

```
        protected void reduce(Text key, Iterable<IntWritable> values, Context context) throws
IOException, InterruptedException {
            // 1 汇总
            int sum = 0; //计算该类别总的个数
            int wordsum = 0; //计算出现词的总个数
            //循环遍历 Interable
            for (Text value : values) {
                //累加
                String[] array = value.toString().split(",");
                sum += Integer.parseInt(array[0]);
                wordsum += Integer.parseInt(array[1]);
                val.set(sum+","+wordsum);
            }
            // 2 写出
            context.write(key, v);
        }
    }
```

（3）设计 Reduce 函数。Reduce 函数的任务是把各个 Combiner 输出结果进一步合并处理，得到全局结果。输入数据键值对的形式为<类别 ID，特征属性频率统计>，包含相同键值的记录（即相同类别 ID 的记录）。在 Reduce 函数中累加并且记录各分量的和，输出结果<Key，Value>对的形式为<类别 ID，全局特征属性频率统计>。Reduce 函数的代码如代码清单 9-6 所示。

代码清单 9-6

```
    protected void reduce(Text key, Iterable<Text> values, Context context) {
        throws IOException, InterruptedException {
            int sum = 0; //计算该类别总的个数
            int wordsum = 0; //计算出现词的总个数
            //循环遍历 Interable
            for (Text value : values) {
                //累加
                String[] array = value.toString().split(",");
                sum += Integer.parseInt(array[0]);
                wordsum += Integer.parseInt(array[1]);
                val.set(sum+","+wordsum);
            }
            context.write(key, val);
        }
    }
```

参 考 文 献

［1］　WHITE T. Hadoop 权威指南［M］. 王海，华东，刘喻，等译. 4 版. 北京：清华大学
　　　出版社，2017.

［2］　樊哲. Mahout 算法解析与案例实战［M］. 北京：机械工业出版社，2014.

［3］　https：//hadoop. apache. org/.

［4］　http：//mahout. apache. org/.

［5］　江小平，李成华，向文，等. k-means 聚类算法的 MapReduce 并行化实现［J］. 华中科
　　　技大学学报(自然科学版)，2011，39(S1)：120-124.

［6］　张依杨，向阳，蒋锐权，等. 朴素贝叶斯算法的 MapReduce 并行化分析与实现［J］.
　　　计算机技术与发展，2013，23(3)：23-26.